종의 기원
바이러스

종의 기원
바이러스

2017년 6월 10일 1판 1쇄 발행
2020년 3월 6일 1판 3쇄 발행

지은이 ┃ 나카야시키 히토시
옮긴이 ┃ 김소연
펴낸이 ┃ 양승윤

펴낸곳 ┃ (주)영림카디널
　　　　 서울특별시 강남구 강남대로 354 혜천빌딩
　　　　 Tel. 555-3200 Fax.552-0436

출판등록 1987. 12. 8. 제16-117호
http://www.ylc21.co.kr

값 13,000원

ISBN 978-89-8401-214-1 03470

「이 도서의 국립중앙도서관 출판예정도서목록(CIP)은 서지정보유통지원시스템 홈페이지(http://seoji.nl.go.kr)와 국가자료공동목록
(http://www.nl.go.kr/kolisnet)에서 이용하실 수 있습니다.(CIP제어번호: CIP2017012111)」

종의 기원
바이러스

나카야시키 히토시 지음 · 김소연 옮김

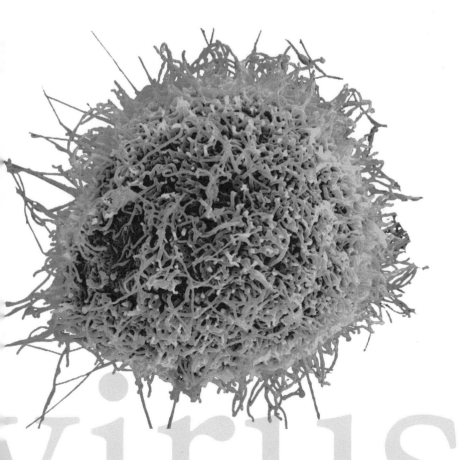

영림카디널

들어가며

지금도 선명하게 기억하고 있다. 병원에 들어서자 아내는 침대에 누워 도플러라는 기기로 복부 검사를 받고 있었다. 기기에서는 약간의 잡음이 섞이고 템포가 아주 빠른 개구리 울음소리 같은, 굳이 활자로 표기하자면 '꿱꿱' 혹은 '꾸룩꾸룩' 혹은 '쿵쿵'으로 표기할 수 있을 것 같은 빠른 리듬의 묘한 소리가 들려왔다. 내 아이의 '심장 고동' 소리를 듣는 첫 순간이었다.

이 작은 고동 소리는 앞으로 수십 년, 혹은 백 년 동안 생명과 함께 계속될 것이다. 지금은 기적이라 생각하겠지만 앞으로 분명히 일어날 일이다. 나는 이런 엄청난 신비로움과 기쁨을 한밤중 어스름한 병실의 딱딱한 의자에 앉아 곱씹었다.

아내의 배 속에서 자라온 생명은 태반이라는 조직의 보호를 받으며 열 달의 시간을 지내왔다. 모체의 자궁은 신비롭다. 그곳에서는 아내와 다른 '별도의 생명'이 살고 있기 때문이다. 보통 우리 몸은 이물(異物), 특히 병원체로부터 자신을 보호하기 위해 고도로 발달한 면역 시스템의 감시를 받고 있다. 따라서 체내에 이물질이

나타나면 주의보를 울리며 격렬하게 공격하게 된다. 이물질을 배제하려는 이런 생체 시스템은 당연히 혼인 관계로 맺어지는 인간 세상의 사정을 봐주지 않는다. 예를 들어 내 혈액(B형)을 아내(O형)에게 수혈하면 내 적혈구는 곧바로 강한 공격에 노출될 것이다. 수혈은 감히 생각조차 못한다. 하지만 내 유전자의 절반을 가지고 있는 배 속의 아이는 B형이더라도 공격 대상이 되지 않고, 모체의 혈액을 통해 산소와 영양분을 공급받으며 무럭무럭 자란다. 이런 불가사의한 현상을 가능하게 하는 것이 태반이라는 조직이다. 태반의 신비는 태반의 융모를 감싸듯 두르고 있는 '합포체 영양막'이라는 특수한 막 구조에서 나온다. 이 막은 태반에 필요한 산소나 영양분은 통과시키지만 이물질을 공격하는 림프구 등은 통과시키지 않아 모체 면역 시스템의 공격에서 자궁 안의 태아를 지키는 역할을 수행한다.

지금으로부터 약 15년 전인 2000년, 〈네이처〉 지에 놀라운 내용의 논문이 게재되었다. '합포체 영양막'의 형성에 상당히 중요한 역할을 하는 신사이틴(syncytin)이라는 단백질이 인간 게놈에 잠복하는 바이러스의 유전자에서 유래한다는 것이었다. 그 후 약간의 차이는 있지만 쥐나 소 같은 다른 포유류를 이용한 실험에서도 잇따라 같은 내용이 발표되었다. 태아를 모체 안에서 키우는 전략은 포유동물이 번영하게 한 진화상의 열쇠가 되는 중요한 변화였고, 이 현상에 깊이 관여하는 단백질이 다름 아닌 바이러스에서 나왔다는 것이다.

이는 내게 두 가지 무거운 질문을 던진다. 첫째, 인간이란 대체 무엇인가?라는 심각한 질문이다. 먼 옛날에 신사이틴을 제공한 바이러스와 인간의 조상은 전혀 다른 존재이며 아무 관계 없이 살았을 것이다. 하지만 어느 순간, 바이러스는 인간의 조상에게 감염했다. 그리고 신사이틴을 제공하게 되었고 지금도 우리의 몸속에 남아 있다. 이 바이러스가 없다면 태반은 제 기능을 하지 못하고 사람이나 원숭이, 다른 포유동물도 지금과 같은 형태로는 살아가지 못했을 것이다. 즉, 우리 몸속에 바이러스가 있기 때문에 우리는 포유동물인 '인간'으로 살아가고 있다. 거꾸로 말해 바이러스가 없다면 우리는 인간이 되지 못했을 것이다. 적어도 지금과 완전히 똑같은 사람과(科)의 인간은 아니었을 것이다. 우리는 유전자를 부모뿐만 아니라 감염된 바이러스에게도 물려받았다. 다시한 번 말하지만 우리는 이미 바이러스와 일체화되어 있고, 바이러스가 없었다면 우리는 인간일 수가 없다. 그렇다면 인간은 대체 무엇일까? 동물과 바이러스의 혼혈아, 키메라라는 말인가?

또 하나의 질문은 과연 바이러스란 무엇인가? 하는 것이다. 인간을 포함한 생물의 진화에 지대한 역할을 한 바이러스는 '평범한 물질'일까? 아니면 일종의 '생명체'로 봐야 할까? 19세기 말에 인류는 담배와 소에 질병을 일으킨 '여과성 병원체'로서 바이러스를 처음으로 알게 되었다. 당시에는 분명 바이러스를 '생명'의 일종으로 여겼다. 하지만 바이러스가 발견된 지 약 40년 후에 이 '생명'은 활동력이 약해지면 단백질이나 광물처럼 결정화한다는 사실이 밝혀졌다. '결정화하는 생명'이라는 것은 당시의 상식에는 존재하지 않았고 감각적으로도 친숙하지 않았다. 그 후, 논의 과정에서 우여곡절은 있었지만 대부분의 생물학자는 바이러스를 생물로 간주하지 않는다는 결론으로 기울게 된다.

바이러스의 결정화 실험 이후 80년의 세월이 흘렀지만 '결론'에 변화의 조짐이 나타나기 시작한 것은 21세기에 접어든 이후다. 최근 수년 동안 급속히 발전한 게놈 과학은 놀랄 만한 새로운 발견을 잇달아 내놓았고, 그 과정에서 바이러스에 대한 과학자들의 시선도 조금씩 변화하고 있다.

'바이러스는 살아 있다.'…고 나는 생각한다.

나는 이처럼 바이러스를 둘러싸고 끊임없이 변하는 상황에 대한 설명과 이에 관한 내 생각을 이 책에서 전하고자 한다. 아무리 귀를 기울이고 어떤 기기를 들이대도 바이러스에서는 '쿵쿵' 하고 울리는 심장 소리가 들리지 않는다. 하지만 바이러스는 지금부터 전개될 '생명의 고동'을 연주하는 존재다. 그리고 지구에서 살아가는, 때로는 대립하고 때로는 서로 도우며 변화하고 합체하는 다양한 생명체로 이루어진 '생명의 고리'의 일원임을 나는 강조하고 싶다.

'바이러스는 살아 있다.'

아마 다른 의견들도 있겠지만, 독자 여러분이 왜 내가 이렇게 생각하는지를 이 책의 마지막 장을 덮으면서 이해하기 바란다.

차례

프롤로그

'괴물'이 주는 고통

1918년의 '괴물'

지구의 자전축, 즉 지축(地軸)은 태양 주변을 도는 공전면의 법선(法線)[1]에서 약 23.43도 기울어 있다. 이로 인해 북위 66도 33분보다 북쪽에서는 한겨울에 태양이 떠오르지 않고 한여름에 태양이 지지 않는 극야와 백야라고 부르는 현상이 일어난다. 북위 66도 33분의 북쪽 지역은 북극권이라 부르는 영역이다. 그곳에서는 대부분의 대지가 얼음에 뒤덮여 있고 일 년 내내 땅의 온도가 0℃를 넘지 않기 때문에 영원히 녹지 않는 영구 동토라고 부르는 지층이 펼쳐져 있다.

북극권에서 살짝 벗어난 북위 65도 20분에 위치한 브레비그 미션(Brevig Mission)은 이누이트 족을 중심으로 100가구 정도가 거주하는 작은 시골 마을이다. 베링 해협을 바라보는 알래스카의 수어드 반도에 위치하며 마치 해변에 달라붙은 듯한 형태로 주거지가 형성되어 있다. 이 마을은 대부분의 토지가 영구 동토로 덮인 극한의 땅이다. 연간 평균 기온은 영하 5℃ 이하. 한여름에도 평균 기온이 영상 10℃를 밑돌아 생육 가능한 식물 종이 제한되어 있다. 드넓지만 전체적으로 빈약한 색채의 툰드라 평원 위에 마을

---

1) 법선 : 곡선 C 위의 한 점 P를 지나고 그 점에서 접선 t에 수직인 직선.

이 자리하고 있다. 황량한 툰드라 대지 한쪽 구석에 마치 베링 해를 내려다보기라도 하듯 수많은 하얀 십자가들이 서 있다.

1918년 11월, 우편과 함께 날아든 '괴물'은 불과 닷새 만에 브레비그 미션에 거주하던 약 150명의 주민 가운데 72명의 목숨을 앗아갔다. 이 하얀 십자가 아래의 영구 동토에는 당시 희생된 사람들이 지금도 잠들어 있다.

브레비그 미션의 참극으로부터 4년을 거슬러 올라간 1914년 6월, 당시 오스트리아령이었던 사라예보에서는 오스트리아-헝가리 제국의 프란츠 페르디난트 황태자 부부가 암살을 당하는 충격적인 사건이 일어났다. 이를 계기로 시작된 제1차 세계대전은 1918년 11월 파리 교외의 콩피에뉴 숲에서 독일과 연합군의 휴전협정이 맺어지고 나서 종결되었다. 이는 인류가 처음으로 겪은 세계대전이었으며, 전쟁이 벌어진 4년 동안의 희생자 수는 전투원이 약 850만 명, 비전투원이 약 650만 명에 달하는 유례없는 사건이었다. 희생자는 그 이전 100년 동안 일어난 수많은 전쟁의 희생자를 합한 것보다 훨씬 많았다고 한다.

세계대전이 벌어지던 당시에 인류는 또 다른 미증유의 위협과 대치하고 있었다. 바로 1918년부터 1919년에 걸쳐 세계적으로 유행한 '스페인 독감'이다.

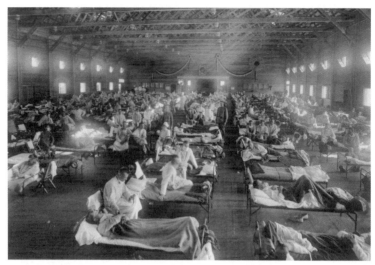
그림 1 1918년 미국 캔자스 주의 펀스턴 육군 캠프를 덮친 스페인 독감

　‘스페인 독감’이 세계적으로 만연하기 시작한 1918년은 제1차 세계대전이 한창이라서 자국 군에 불리한 정보는 엄격하게 통제되었다. 따라서 심각한 질병이 만연하고 있다는 사실은 기밀에 부쳐져 보도되지 않았으나, 제1차 세계대전에 참전하지 않은 스페인에서는 대대적으로 보도되어 전 세계에 알려졌다. 이런 이유로 질병은 ‘스페인 독감’이라는 이름으로 불리게 되었다. 사실 이 질병은 1918년 초에 미국에서 초기 증상으로 보이는 사례가 보고되었으며 결코 스페인에서 처음 발생한 전염병이 아니다.

　‘스페인 독감’은 인류가 경험한 판데믹(pandemic, 세계적인 전염병 대유행) 중에서도 사상 최악이었다. 당시 세계 인구 18억 명 가운데 약 30%인 6억 명이 감염되었고, 적게 추산해도 약 2천만 명, 많게는 약 5천만 명이 목숨을 잃었다고 한다. 이 수치에는 중국이나 아프리카 등에서 사망한 희생자가 정확히 포함되어 있지 않아 실제로는 1억 명에 달하는 게 아니냐는 관측도 있다. 사망자 통계의 타당성에 대해서는 여러 설이 있는데, '스페인 독감'의 희생자가 제1차 세계대전으로 인한 사망자보다 많았음은 의심의 여지가 없으며, 인류 역사상 최악의 재해였다. 만약 최대 추정치가 맞는다면, 인류는 제2차 세계대전을 포함시킨다 해도 단일 사건 사고로 '스페인 독감'보다 많은 사망자를 낸 재해가 없었다는 얘기가 된다.

앨프리드 크로스비는 《인류 최대의 재앙, 1918년 인플루엔자 (America's Forgotten Pandemic-The Influenza of 1918)》에서 '스페인 독감'이라는 괴물에 유린당한 필라델피아의 모습을 생생하게 묘사했다.

필라델피아 시내의 공공 서비스 중에서 거의 파국에 가까운 혼란에 빠진 것은 사체 처리를 해서 땅에 묻는 일이었다. … (중략) … 13번가와 우드 가(街)가 교차하는 부근에 자리한 시에서 유일한 신원 불명 사체 공시소의 광경은 끔찍했다. 통상적인 사체 수용 능력은 36구인데 당시에는 수백 구의 사체가 있었다. 사체는 건물 내의 거의 모든 방, 그리고 통로 안까지 3~4단으로 쌓여 있었고 더럽고 때로는 피로 얼룩진 시트로 덮여 있었다.

중세의 흑사병(페스트)과 같은 전염병에서도 비슷한 기록이 남아 있다. 신원 불명의 사체가 거리에 방치되는 상황까지 되면 대부분의 사람은 감염 위험을 피하기 위해 집 밖으로 한 발자국도 나가지 않는다. 이런 상황에서는 의사나 간호사 같은 의료 종사자가 감염 위험이 가장 높고, 실제로 의료 종사자가 쓰러지게 되면 지역의 의료 체제도 붕괴한다. 결국 전혀 손을 쓸 수 없는 상태가 된다. 죽음의 공포에 떨면서 그저 폭풍이 지나가기를 기다리는 수밖에 없는 것이다.

이토록 참혹한 공포를 초래한 '스페인 독감'의 병원체는 두말할 필요도 없이 인플루엔자 바이러스다. 인플루엔자는 감기 증후군이라고 부르는 감염증의 일종이다. 감염 정도가 가벼울 때의 증상은 발열, 오한, 콧물, 기침 등이라 다른 바이러스가 원인인 일반적인 감기와 구별하기 어려운 경우도 많다. 다만, 인플루엔자의 경우는 관절통, 근육통 등을 동반한 고열 증상이 있고 때로는 위독해지는 것이 특징이다. 중증 감염이 되면 기관지염이나 폐렴을 동반하는 예가 많아 요즘도 일본에서는 매년 수백에서 수천 명이 인플루엔자 바이러스에 감염되어 사망한다.

하지만 1918년에서 1919년에 걸쳐 세계를 공포로 몰아넣은 '스페인 독감'은 기존의 인플루엔자와는 무언가 달랐다. 일반적으로 인플루엔자는 영유아나 노인이 주로 감염되므로 연령대별 사망률을 그래프로 나타내면 양쪽 끝의 비율이 높은 U자형이 된다. 하

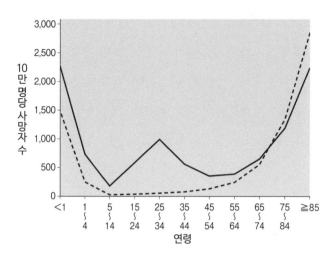

그림 2 스페인 독감의 연령별 사망률
Taubenberger & Morens(2006)에서 인용
실선은 1918년, 점선은 1911~1917년의 인플루엔자 감염

지만 '스페인 독감'은 외관상 건강해 보이는 20대에서 30대의 청장년층이 잇따라 감염되어 사망했기 때문에 그래프는 W자가 되었다(그림 2). 몇 시간 전까지 건강하고 활기차던 사람이 갑자기 열이 나고 전신 통증을 호소하며 입과 코에서 피를 흘리다가 사망하기도 했다. 존 배리(John M. Barry)는 《거대한 인플루엔자(The Great Influenza)》에서 '스페인 독감'에 감염된 환자의 모습을 다음과 같이 묘사했다.

1918년 중반, 죽음은 여태 한 번도 본 적 없는 형태로 나타났다. … (중략) … 대부분의 사람에게서 나타난 출혈은 상처 때문이었는데, 적어도 포탄이나 폭발로 인한 상처는 아니었다. 대개가 코피였고 개중에는 심한 기침을 하다가 피를 토하는 수병(水兵)도 있었다. 귀에서 피를 흘리는 사람들도 있었다. 기침이 얼마나 지독했는지 사후에 해부를 해보니 복근이 갈비뼈의 연골에서 분리된 경우마저 있었다. 대부분이 고통으로 몸부림쳤고, 의사소통이 가능한 사람은 거의 모두가 안구 뒤의 두개골에 쐐기라도 박힌 듯 머리가 아프고, 뼈가 부서지는 것 같다며 극심한 통증을 호소했다. 소수지만 구토를 하는 사람도 있었다. 죽기 직전 피부색이 변하는 수병이 있었다. … (중략) … 그 색이 너무 짙어 백인인지 흑인인지 구별하지 못하는 경우도 있었다. 검은색이라 해도 과언이 아니었다.

이렇게 혹독한 증상을 일으키는 '스페인 독감'의 원인이 정말 평범한 인플루엔자였을까? 아니면 전혀 다른 바이러스였을까? '스페인 독감'이 발생했던 당시는 바이러스를 다루는 기술이 충분히 발달하지 못해 발병 원인이 바이러스 때문인지, 세균[2] 때문인지조차 분명하지 않았다. 물음에 대한 정확한 답변은 오랫동안 수수께끼로 남아 있었지만 '스페인 독감'이 발생하고 나서 약 80년 후에 드디어 '괴물'의 정체가 밝혀졌다. 그 열쇠가 된 무대는 바로

---

2) 세균(박테리아): 대부분이 단세포이며 핵막이 없는 것을 특징으로 하는 미생물의 무리. 핵막이 있는 진핵생물과 구분해 원핵생물이라 부른다. 세균에는 분류학적으로 큰 차이가 나는 진정세균과 고세균의 두 부류가 있다.

알래스카 변경의 작은 시골 마을인 브레비그 미션이었다.

일흔두 살의 열정

　아이오와 주립대학에서 면역학을 공부하던 스톡홀름 출신의 요한 훌틴(Johan Hultin)은 박사 논문에서 '스페인 독감'을 일으킨 인플루엔자 바이러스를 규명하고 백신을 만드는 장대한 과제에 착수했다. 그의 아이디어는 '스페인 독감'으로 사망한 사람의 사체에서 바이러스를 분류한 뒤 그것을 이용해 백신을 만드는 것이었다. 영구 동토가 천연 냉동고처럼 바이러스를 보존하고 있을 가능성이 있다고 생각한 것이다. 1951년에 그는 아이오와 주립대학 연구진의 일원으로 브레비그 미션을 처음 방문했다. 마을 회의를 거쳐 주민들의 허락을 받은 연구진은 1918년에 발생한 판데믹으로 사망한 희생자의 무덤을 파고 사체에서 양호한 샘플을 채취하는 데 성공했다. 하지만 유감스럽게도 아무리 찾아도 감염성을 지닌 '살아 있는' 바이러스가 보이지 않았다. 1951년 당시의 기술로는 감염성을 지닌 바이러스를 구하지 못하면 더 이상 연구를 진전시키기가 어려웠던 터라 그의 박사 논문 연구도 거기서 좌절되었다. 그는 이후 실의에 빠져 연구를 포기하고 의사로서의 삶을 살게 된다.

그런데 홀틴은 46년 후인 1997년, 〈사이언스〉 지에 실린 미 육군 병리학연구소의 제프리 토벤버거(Jeffery Taubenberger) 박사의 논문을 읽게 된다. 홀틴은 샌프란시스코 병원에서 근무하다 이미 퇴직한 상태였다. 토벤버거 박사는 소량의 재료로 유전자를 증폭시키는 PCR법[3]이라는 기술을 활용해 '스페인 독감'의 원인이 된 인플루엔자 바이러스의 유전자를 규명하려 했다. 하지만 그들은 수지포매(樹脂包埋, 현미경으로 관찰하기 위해 합성수지를 시료에 침투시켜 얇은 절편을 만드는 것-옮긴이)된 샘플을 사용한 까닭에 단편적인 유전자 정보밖에 얻을 수 없었다. 바이러스의 보존 상태가 열악하고 샘플의 양이 적어 어쩔 수 없었던 것이다. 논문을 읽은 홀틴은 46년 전 자신의 경험이 도움이 되지 않을까 하는 생각에 곧바로 토벤버거 앞으로 편지를 썼다. 편지에는 과거 실패했던 과제에 다시 한 번 도전하고 싶다, 시료 채취는 자비로 하겠으며, 시료를 채취하면 미 육군 병리학연구소에 기증하겠다는 내용 등이 담겨 있었다.

토벤버거에게 상당히 관심이 있다는 답장을 받은 홀틴은 일주일 후에 알래스카로 향했다. 1997년 8월, 두 번째 브레비그 미션

---

3) PCR법: 중합효소 연쇄반응(Polymerase Chain Reaction)의 약자. 열을 가하면 외가닥으로 분리되고 저온에서는 다시 결합하는 2중 가닥 DNA의 성질을 이용해 고온과 저온 사이클을 반복함으로써 연쇄적인 DNA합성을 유도하는 방법. 고온 내성인 DNA 중합효소와 DNA 복제의 기점이 되는 프라이머라고 부르는 짧은 DNA 배열을 이용해서 프라이머와 같은 배열을 갖는 특정 DNA 영역만 합성되도록 유도할 수 있다.

행이었다. 1951년에 처음 방문했을 당시 스물여섯이던 홀틴의 나이는 이제 일흔둘이었다. 46년 전과 마찬가지로 마을 주민의 허락을 얻은 다음 그들의 도움을 받아 발굴 작업에 착수했다. 그는 나흘 동안 작업한 후에 드디어 루시라고 이름 붙인, 상태가 좋은 서른 살 전후의 여성 사체를 발굴한다. 홀틴은 사체의 폐에서 얻은 시료를 여러 날에 걸쳐 유피에스(UPS)와 페덱스(FedEx)와 우편으로 토벤버거에게 보냈다. 만에 하나라도 우송 중에 샘플을 분실하는 사고가 발생하지 않도록 하기 위해서였다. 그 후, 홀틴은 사체와 무덤을 원상 복구하고 신세를 진 마을 사람들에게 감사의 마음을 후하게 전함과 동시에 마을 공동묘지에 십자가 두 개를 새로 만들어 세웠다.

이미 은퇴하고 연구와는 거리가 먼 생활을 하던 홀틴은 적은 금액이라 할 수 없는 개인 재산을 털어 알래스카의 시골 마을까지 날아가 무덤을 발굴했다. 8월이라고는 해도 북극권에 인접한 땅에서 깡깡 얼어붙은 영구 동토를 녹여가며 발굴하는 작업은 고령의 홀틴에게 대단히 어려운 일이었을 것이다. 그는 작업 기간 동안 밤에는 마을에 있는 학교의 교실 바닥에 에어매트를 깔고 잠을 청했다고 한다. 식지 않는 그의 열정이 1918년부터 80년 동안 영구 동토에 잠들어 있던 '스페인 독감'의 원인 바이러스를 깨웠고, 그의 노력 덕분에 바이러스의 진짜 모습은 세상의 빛을 보게 되었다.

토벤버거 앞으로 전해진 루시의 폐 조직 시료 상태는 훌륭했다. 약 3주 후에 그 시료에서 1918년의 인플루엔자 바이러스에서 유래하는 유전자 정보를 확보했다는 소식이 전화선을 타고 훌틴에게 전해졌다. 이후 토벤버거 연구진은 1918년에 판데믹을 유발한 인플루엔자 바이러스의 유전자 정보의 전모를 규명하기 시작했다.

훌틴은 1998년 9월에 세 번째 브레비그 미션 방문 길에 올랐다. 그는 준비해 간 황동 명판 두 개를 두 번째 방문 당시 자신이 만들어 세운 십자가에 걸어주었다. 한 장의 명판에는 그곳에 묻혀 있는 72명 모두의 이름이, 그리고 다른 한 장에는 다음과 같은 문구가 새겨져 있었다.

여기 적힌 72명의 이누이트 족이 공동묘지에 잠들다. 이들을 받들고 기억하기를.
이들은 1918년 11월 15일부터 20일까지 닷새라는 짧은 시간에 인플루엔자 대유행으로 생명을 잃었다.
(《Catching Cold》에서 인용, 피트 데이비스 지음)

이 커다란 십자가는 브레비그 미션의 남쪽, 마을에서 떨어진 공동묘지에 지금도 베링 해협을 바라보며 서 있다.

괴물의 정체와 호주 토끼

브레비그 미션에서 얻은 바이러스 유전자 규명에서 밝혀진 것은 이것이 H1N1형이라는 A형 인플루엔자 바이러스로 분류된다는 사실이었다. 지금까지 인간에게 감염된다고 알려진 A형 인플루엔자에는 H1N1형, H2N2형, H3N2형과 H5N1형 등이 있다. 흥미롭게도 이후의 수많은 유전자 분석에서 인간에게 감염되는 H1N1형 바이러스는 모두 1918년의 바이러스에서 유래했을 가능성이 높다는 사실을 보여주었다. 이는 무엇을 의미할까? 만약 '스페인 독감' 발생 전에 H1N1형 인플루엔자가 인간의 병원 바이러스로 존재하고 있었다면 비록 소수일지라도 그 자손 바이러스(1918년 바이러스 유형과는 다른 바이러스에서 유래한 H1N1형)를 현재 어딘가에서 발견할수도 있을 것이다. 그런데 발견하지 못한다면 H1N1형 인플루엔자 바이러스는 '스페인 독감' 발생 당시 처음으로 인간에게 감염되었다는 가정이 가능하다.

실제로 토벤버거 연구진은 브레비그 미션에서 얻은 바이러스 유전자를 규명해서 1918년의 '스페인 독감'이 조류인플루엔자 바이러스에서 유래했다는 결론을 내렸다. H1N1형 인플루엔자 바이러스는 조류에 감염하는 인플루엔자 바이러스에 많고, 거기서 사람에게 감염하도록 변이해서 생겨난 바이러스라고 판단한 것이다. 이것이 사실이라면 '스페인 독감'이 발생한 당시의 사람들에게 H1N1형 바이러스는 이제껏 존재하지 않았던 '새로운 적'이었을 가능성이 있다. 최근 몇 년 동안 연구를 진행한 도쿄대학의 가와오카 요시히로(河岡義裕) 박사 연구진은 '스페인 독감'이 유난히 높은 사망률을 기록한 것은 원인 바이러스가 극도로 강한 자연 면역을 유발하는 성질을 지니고 있기 때문이라고 밝혔다. 하지만 그 정도로 광범위하게 유행한 것은 그 바이러스가 당시 인류에 '새로운 적'이었다는 사실도 하나의 요인이 되었다.

이처럼 바이러스가 변이해서 새로운 숙주에 대한 병원성을 획득하는 것을 호스트 점프(Host jumps)라고 하는데 자연계에서는 결코 드문 현상이 아니다. 특히 인류는 생물 진화 역사상 거의 마지막 단계에 등장했으며 인간에게 감염하는 대다수 바이러스는 다른 동물로부터 호스트 점프를 거쳐 병원체가 된 것이라 여겨지고 있다. 호스트 점프는 때로 심각한 신종 감염증을 유발하는데 최근의 예로는 에볼라 출혈열이 있다. 이 질병의 병원체인 에볼라 바이러스는 원래 자연계에서 박쥐를 숙주로 삼았던 것으로 알려져 있다. 에볼라 바이러스는 인간에게 감염된 경우에 치사율이 50~80%에나 달하는 공포의 살인 바이러스이다. 흥미롭게도 천연 숙주인 박쥐의 체내에서는 특별히 두드러지는 증상을 일으키지 않는다. 이상한 일이다.

이와 관련해 상당히 눈길을 끄는 유명한 사례가 있다. 1950년 대 호주에서 바이러스에 감염된 토끼를 구제했던 일이 그것이다. 원래 호주에는 토끼가 서식하지 않았는데 1859년 토머스 오스틴 이라는 영국인이 사냥용으로 24마리의 토끼를 들여와 호주 남동 부 빅토리아 주의 초원에 방사했다. 토끼는 번식력이 강하고 호주 의 생태계에 유력한 천적이 없다는 점 등 아주 유리한 조건 덕분 에 외래 침입 동물로서 폭발적으로 번식했다. 1920년에 이르러서 는 호주 전역의 70%나 되는 영역으로 퍼져나가 최대 수십억 마리 로 늘어난 것으로 추정되고 있다. 그 결과 야생화한 토끼들이 장 소를 가리지 않고 주변의 풀을 모조리 뜯어 먹어 어떤 경우는 풍 요로웠던 농경 지대가 맨살이 드러난 황무지로 변하기도 했다. 생 태계뿐만 아니라 호주의 중요 산업인 양털 생산은 물론 농업까지 도 심각한 타격을 입히게 되었다.

이때 생각해낸 것이 토끼를 마이크로 단위의 천적, 즉 토끼 점 액종 바이러스로 없애는 방법이었다. 연구실 실험에서 이 바이러 스는 토끼의 치사율을 99.8%로 끌어올릴 정도의 강한 독성을 지 닌다. 1950년에 이를 이용한 토끼 구제 작업이 대대적으로 이루 어졌다. 바이러스를 이용한 구제 작업은 극적인 성과를 거둬 당시 약 6억 마리로 추산되던 호주 토끼 개체 중 90%를 없앨 수 있었으 며, 매년 토끼가 입힌 피해로 골치를 앓던 농가는 무척이나 기뻐 했다고 한다.

그림 3 호주에서 번식한 토끼들

하지만 기쁨도 잠시, 곧바로 이변이 일어났다. 바이러스에 의한 토끼의 치사율이 서서히 낮아지기 시작한 것이다. 당초 실험실에서는 99.8%, 야생에서도 90% 이상의 치사율을 자랑하던 토끼 점액종 바이러스의 효과가 2년 후에는 약 80%, 그리고 6년 후에는 약 20%로 급감했다. 바이러스 감염으로 집단의 90% 이상이 죽는 상황에서 살아남은 토끼는 운 좋게 감염을 피했든지 아니면 어떤 이유인지 몰라도 유전적으로 토끼 점액종 바이러스에 강한 녀석이었다는 얘기가 된다. 치사율이 높은 바이러스 감염이라는 극단적인 상황에서 내성과 저항성을 갖는 토끼가 살아남았고, 급격히 개체 수를 증가시킨 것이다. 이는 충분히 예측 가능한 일이기도 했다.

하지만 정말로 흥미로웠던 것은 이 토끼의 변화와 딱 맞추기라도 하듯 일어난 바이러스의 변화였다. 6년 후에 토끼 점액종 바이러스에 감염된 적이 없는 실험용 토끼에게 바이러스를 접종하니 바이러스의 치사율이 1950년의 99.8%를 크게 밑도는 50% 전후로 낮아진 것이다. 실험에 사용한 토끼의 유전적인 성질은 이전과 완전히 똑같았다. 토끼가 강해진 게 아니라 바이러스의 독성 자체가 약해졌다는 뜻이다.

어떻게 된 일일까? 2012년에 바이러스의 변화를 유전자 차원에서 정밀 조사한 결과 당시 토끼 점액종 바이러스는 예상을 뛰어넘는 속도로 유전자 변화를 일으켰다는 사실이 밝혀졌다. 유전자 변화는 여러 유전자에서 일어났고, 유전자의 기능을 완전히 잃게 하는 변이도 발생했다. 급속한 유전자 변이의 결과로 바이러스의 병원성이 저하된 것이다. 더욱 흥미로운 것은 토끼 점액종 바이러스를 이용한 토끼 구제는 호주에 이어 영국과 프랑스에서도 실시되었고, 그곳에서도 급격한 바이러스 독성 저하 현상이 나타났다. 특히 영국에서는 호주에서 일어난 바이러스의 유전자 변이와는 다른 지점에서 변이가 발생했다. 즉, 야생 토끼 구제에 바이러스를 이용해 특정 유전자의 변이가 유발된 게 아니라, 마치 '바이러스 독성의 저하' 자체가 필요했다는 듯이 바이러스의 변이가 일어난 것이다(30쪽 그림 4).

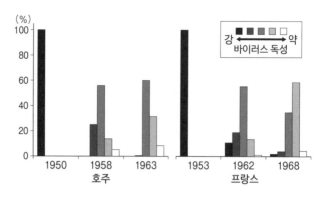

그림 4 호주와 프랑스에서의 토끼 점액종 바이러스의 시간에 따른 독성 변화
출처: Ross(1982)

인류를 공포의 나락으로 몰아붙인 '스페인 독감'의 독성도 사실은 판데믹이 발생한 지 몇 해가 지나자 크게 낮아졌다는 사실이 보고되었다. 오늘날 인간에게 감염되는 H1N1형 인플루엔자는 앞서 말했듯이 스페인 독감을 일으킨 바이러스의 자손에 해당한다. 하지만 지금은 H1N1형 인플루엔자가 유행하더라도 스페인 독감과 같은 참극은 일어나지 않는다. 물론 면역력이 강해진 측면을 부정할 수는 없지만 바이러스 자체의 치사성도 크게 낮아졌다. 이와 비슷한 현상이 토끼 점액종 바이러스와 인플루엔자 바이러스에서도 일어났으며, 분명 박쥐를 매개로 하는 에볼라 바이러스에서도 일어나고 있을 것이다. 대체 무엇 때문일까?

이 수수께끼에 대한 해답은 바이러스라는 병원체의 성질에 있을 것으로 추정되고 있다. 바이러스는 살아 있는 숙주의 세포 안에서만 증식하기 때문에 숙주가 사라지면 바이러스 자신도 살아남을 수 없다. 논리적으로 생각하면 바이러스 입장에서는 숙주를 죽여서 얻는 장점은 아주 적고, 적극적으로 숙주를 죽이는 '몬스터'는 언젠가 자신의 목을 조르게 된다. 호스트 점프를 일으킨 바이러스가 감염된 초기에 새로운 숙주를 죽이는 이유는 숙주 안에서 어떻게 행동해야 좋을지 판단을 내리지 못한 '불안한 몬스터'가 자신의 힘을 제어하지 못해 날뛰는 것에 불과하다고 볼 수도 있다.

물론 이렇게 바이러스를 의인화하는 것은 과학적으로 적절하지 않다. 사실 바이러스의 입장에서는 숙주에 적응하며 진화하는 것으로 해석해야 할 현상이다. 독성이 약해져 감염된 숙주가 오랜 시간 버텨내면 새로운 감염의 기회가 증가하기 때문이다. 또한 길게 보면 바이러스의 독성 저하가 일반적이라 해도 단기적으로는 독성이 강한 형태로 변이하는 예도 많다. 바이러스의 위협을 결코 가볍게 보아서는 안 될 이유다.

다만 이것 하나는 확실하다. 우리가 '바이러스'라는 단어를 들었을 때 떠올리는 '재앙과 불운을 부르는 존재'라는 이미지는 바이러스의 모습을 완전하게 표현한 것이 아니다. 실제로 생명의 역사 속에서 다양한 숙주들과 관계를 맺었던 바이러스들은 '재앙과 불운을 부르는 존재'와는 거리가 먼 역할을 하는 경우가 적지 않다. 이 책의 서두에서 말했듯이 이미 숙주와 '일체화'된 바이러스가 얼마나 많던가. 우리는 이런 사실을 의식하지 못한 채 살고 있다.

나는 '바이러스란 무엇이고, 어떻게 발견되었는가'라는 '바이러스'의 기초부터 '재앙과 불운을 부르는 존재'일 뿐 아니라 인간과 '공동체 생활'을 하는 바이러스들의 의외의 측면을 중점적으로 소개하고자 한다. 바이러스는 생명인 것 같기도 하고 그렇지 않은 것 같기도 해 '생명이란 무엇인가'를 생각하는 데 있어 그야말로 흥미로운 화두를 던진다. 바이러스의 이런 특질을 유념해 살펴보면 일상생활에서 우리가 느끼고 있는 '생명'에 대한 이미지도 조금은 달라 보일지 모르겠다. 그리고 그렇게 되기를 바란다.

제1장

살아 있는
감염성 액체

마르티뉘스 베이에링크
– 특별한 순도의 남자

훗날 '바이러스의 발견자'(적어도 그중 한 명)가 되는 마르티뉘스 빌럼 베이에링크(Martinus Willem Beijerinck)는 1851년 네덜란드의 암스테르담에서 4형제 중 막내로 태어났다(그림 5).

그림 5 마르티뉘스 빌럼 베이에링크

마르티뉘스의 가족은 그가 두 살 되던 해에 아버지의 담배 사업이 파산하는 바람에 빈곤한 생활을 하다 네덜란드 북부의 오래된 지방 도시인 나르던으로 이주하게 된다. 마르티뉘스는 집안 형편 때문에 열두 살까지 학교도 다니지 못하고 초등학생에게 필요한 지식은 아버지한테 배웠다고 한다. 하지만 학교에 다니기 시작하면서 타고난 근면성과 탁월한 지성으로 금세 두각을 나타내며 최상위권 성적을 거두었다.

작은 아버지와 형제들로부터 금전적인 지원을 받아 대학에 진학한 마르티뉘스는 중학교와 농업학교에서 교사 생활을 병행하며 고학을 했고, 1877년에는 명문인 레이던 대학에서 박사 학위를 취득했다. 대학을 졸업한 그는 이후의 생애를 보내게 될 네덜란드의 고도(古都) 델프트로 거처를 옮겼고 1884년에 발효 관련 회사 연구 직으로 입사해 연구실을 갖게 된다. 1895년에 지금의 델프트 공과 대학에 연구실을 마련할 때까지 10년 정도의 세월을 이 연구소에서 지냈고 그동안 바이러스 발견의 토대가 되는 연구를 했다. 하지만 그의 본업은 발효균과 농업에 유용한 균 등, 주로 발효와 세균 연구였다. '바이러스의 발견'은 부수적인 성과에 불과했으니 놀라운 일이다.

마르티뉘스 베이에링크에게는 연구가 인생의 전부였다. 인생 자체가 연구에 몰두하는 것이었고, 그런 까닭에 어딘가 고독의 그림자가 감돌기도 했다. 연구소에서 아침부터 밤까지, 때로는 밤을 지새우며 연구에 매진했으나 대인 관계는 그다지 좋지 않아 동료와 잘 지내지 못했다. 자신의 연구에 대한 회사의 기대치가 높아 불편을 느꼈는지 여러 차례 사직서를 냈다고 한다. 이성과의 만남이나 가정을 갖는 일도 연구에 지장을 초래한다고 생각한 그는 평생 결혼을 한 적이 없다. 또한 제자들에 대한 요구 수준이 높아 잘못을 저지른 학생은 엄격하게 대하고 때로는 호통을 치기도 했다고 한다. 그래서인지 당시 학생들에게 인기 있는 선생은 아니었던 듯하다.

사람의 일상이란 다양한 요소가 복잡하게 섞인 혼합물이다. 연구자들 역시 연구 생활과는 별개로 친구나 동료들과 술잔을 나누고 즐길 거리를 찾거나 이성과 데이트를 하거나 가족과 시간을 보낸다. 이런 다양한 요소를 균형 있게 영위하는 것이 일반인들의 일상이다. 하지만 베이에링크는 그러한 혼합물에서 '연구'와 '진실' 만을 추출해 그 순도를 점차 높여간 것 같다. 그의 타협 없는 태도 는 아마 베이에링크를 '보통 사람들의 영역'에서 벗어나게 만들었 을 것이고, 그것이 그의 인생에 부정적인 영향을 미쳤을지 모른 다. 하지만 이게 바로 마르티뉘스 베이에링크라는 연구자였다.

베이에링크가 '안이한 조화'를 좋아하지 않는 엄격한 성격이었 음은 틀림없지만, 그렇다고 해서 교육자로서 인격이 부적절한 것 은 아니었다. 실제로 훗날 교편을 잡은 델프트 공과대학에서는 여 러 명의 우수한 연구자를 길러냈고, 일찌감치 그들에게 직접 논문 을 쓰게 했다. 연구에 뜻이 있는 의식 수준이 높은 학생들에게 베 이에링크의 탁월한 식견과 과학에 대한 타협 없는 진지한 자세는 엄격함 속에서도 매력적이었으며, 훗날 그는 델프트파(Delft 派)라 는 명칭으로 면면히 이어지는 미생물 연구자들의 원류가 되었다.

살아 있는 감염성 액체

베이에링크가 활약했던 19세기 후반부터 20세기 초반은 근대적인 미생물학이 화려하게 꽃핀 시대였다. 의외라 생각할지도 모르지만 그보다 이전, 그러니까 지금으로부터 고작 150년 정도 전까지는 병의 발생 원인이 제대로 규명되지 않았다. 병원체처럼 실체가 있는 것을 원인으로 보는 설(전염설)과 더불어 주술이나 저주, 혹은 나쁜 공기 같은 것이 원인이라는 설(포말 전염설)이 널리 신봉되고 있던 때였다. 이런 상황에 종지부를 찍은 사람은 근대 세균학의 아버지라고 부르는 로베르트 코흐(Robert Koch)다. 그는 1876년에 사람에게서 발병한 탄저병의 원인이 세균임을 최초로 증명했다. 그 후 결핵균(1882년), 콜레라균(1883년) 등을 분리하는 데 잇따라 성공한다. 이런 업적으로 그는 이 분야에서 확고한 명성을 쌓았고 1905년에는 노벨 생리의학상을 수상했다. 코흐가 주장한 '감염증이 병원성 미생물(세균) 때문에 발생한다'는 생각은 당시에 최신 이론이었으며 의학과 미생물학에 종사하던 연구자들의 상식을 지배하게 된다.

실제로 감염증의 원인을 세균이라고 특정할 수 있었던 것은 의료 발전에 크게 기여했고, 그 원인이 된 세균을 제거하기 위한 열탕소독과 고압증기멸균[4] 등이 확립되어간 것도 이 시기다.

이런 소독법의 하나로 당시 샹베를랑 여과기라 불리는 도기(유약을 바르지 않은 질그릇)를 여과 필터로 하는 장치가 사용되었다(그림 6).

---

4) 고압증기멸균: 포화수증기로 내부를 고압으로 만들어 100℃ 이상의 온도에서 살균 처리하는 방법.

그림 6 베이에링크와 이바노프스키가 사용한 샹베를랑형 여과기
출처: Knight(1974)

질그릇에는 미세한 구멍이 무수히 많아 액체는 빠져나가지만 구멍의 평균 크기인 0.2마이크로미터보다 큰, 감염증의 원인이 되는 일반적인 세균은 구멍에 걸려 포획된다. 따라서 이 여과 장치를 활용해 용액 내의 병원성 세균을 제거할 수 있었던 것이다.

바이러스의 발견은 샹베를랑형 여과기에서 비롯되었다. 바꿔 말하면 바이러스는 샹베를랑형 여과기를 빠져나가는 '여과성 병원체'로서 발견된 것이다. '여과성 병원체'에 대해서는 1890년대에 3개의 그룹이 각각 보고를 했다. 1892년에 담배 모자이크 바이러스(TMV, 그림 7)를 이용해 '여과성 병원체'를 최초로 기술한 러시아의 드미트리 이바노프스키(Dmitry Ivanovsky), 1898년에 소 구제역 바이러스를 이용해 같은 보고를 한 독일의 프리드리히 뢰플러(Friedrich Löffler)와 파울 프로슈(Paul Frosch), 그리고 같은 해에 TMV 실험을 한 베이에링크 등 3인의 그룹이다.

바이러스를 누가 처음 발견했는지는 지금도 의견이 분분하다. 세 건의 업적을 나란히 소개하는 해설서도 적지 않다. 세 그룹 모두 상식적인 세균보다 확연히 크기가 작은 병원체가 존재한다고 보고했다. 의미상의 차이는 없으나, 문제는 '실험 결과를 어떻게 해석했느냐'일 것이다. 이바노프스키는 '여과성 병원체'의 정체를 이전까지 알려져 있던 세균보다 크기가 작은 세균이든가, 세균에서 분비된 독소라고 생각했다. 그의 논문에는 여과기 불량을 의심하는 내용이 기술되어 있어 '여과성 병원체'의 정체를 여과기의 불

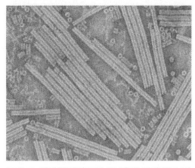

그림 7 전자현미경으로 본 담배 모자이크 바이러스(TMV)의 모습

량으로 인해 누출된 세균이라 여겼다고 볼 수 있다. 또한 후일에는 인공배지(人工倍地)를 이용해 '여과성 병원체'를 배양했다고도 했다. 이는 그가 자신이 발견한 '여과성 병원체'를 어디까지나 배지로 배양할 수 있는 세균의 일종이라고 여겼음을 의미한다.

소 구제역 바이러스를 이용했던 뢰플러와 프로슈는 논문에서 '여과성 병원체'를 더욱 자세히 분석하고 있다. 그 결과 일반적인 배지로는 배양할 수 없고 독소가 아니라는 것, 샹베를랑형 여과기는 통과하지만 그보다 구멍이 작은 기타사토 필터(기타사토 시바사부로[北里柴三郎]가 고안한 필터)에서는 통과율이 낮아지기 때문에 미립자성(corpuscular)이라고 보고하고 있다. 바이러스의 모습에 한층 다가간 관찰 결과라고 할 만하다. 하지만 이들 역시 '여과성 병원체'를 '최소 생물(minutest organism)'이라고 표현함으로써 세균과는 전혀 다른 새로운 형태의 병원체라는 결론에 이르지는 못했다. 뢰

플러는 코흐에게 사사한 애제자였으니 위대한 스승이 주장한 '병원체는 병원성 미생물에서 발생한다'는 도그마에서 완전히 자유롭기는 어려웠을 것이다.

한편 베이에링크는 자신의 뜻을 굽히지 않았다. 그는 '여과성 병원체'의 정체를 살아 있는 전염성 액체(contagium vivum fluidum)라고 기술하고 미생물이 아니라 낮은 온도에서도 액체에 잘 녹는 '살아 있는' 분자라고 주장했다. 이런 주장은 당시 세상을 뒤덮고 있던 상식과 권위에 대한 도전이었다. 하지만 '살아 있는 전염성 액체'란 대체 무슨 뜻일까? 이 표현은 아마 전염설을 주창한 16세기의 지롤라모 프라카스토로(Girolamo Fracastoro)가 병원체를 표현할 때 사용한 '살아 있는 전염체(contagium vivum)'의 변형인 듯하다. 베이에링크는 담배 모자이크병의 원인이 되는 병원체가 일반 세균은 아니라고 확신했다. 현재의 과학적 이론으로 봤을 때 '액체'라는 표현이 얼마만큼 정확한가 하는 문제는 있지만, 상식의 틀에 얽매이지 않는 '연구를 향한 열정'이야말로 베이에링크의 진면목이라고 할 수 있다.

물론 그가 엉뚱하다고 볼 수 있는 새로운 가설을 아무런 근거 없이 상상만으로 얘기했을 리는 없다. 베이에링크는 '여과성 병원체'를 배양액으로는 기를 수 없다는 뢰플러 연구진의 실험을 호기성과 혐기성[5]이라는 두 가지 조건에서 실시해 더욱 면밀하고 확실한 결론을 얻었다. 나아가 그 병원체는 세균이 움직일 수 없는 우뭇가사리 안에서도 광범위하게 이동하는 '액상'임을 제시하고 '바이러스'라 불렀다. 또한 베이에링크가 관찰한 결과에서 중요한 것 중 하나는 이 병원체가 분열이나 성장을 하는 세포 분열이 활발한 싱싱한 식물 조직에서는 증식하지만 늙은 조직이나 감염 식물의 여액(濾液, 여과된 액체−옮긴이) 내에서는 (적어도 활발하게는) 증식하지 않는다는 사실을 도출했다는 것이다. 이는 프롤로그에서 언급한 '바이러스는 살아 있는 숙주의 세포 안에서만 증식한다'는 오늘날의 견해와 상통한다. 정확한 바이러스 정량법도 없었던 당시에 관찰만으로 이런 결론을 도출한 베이에링크의 치밀한 실험과 정확한 통찰력에는 놀라움을 금할 길이 없다.

이 밖에 '바이러스'를 90℃ 정도로 가열하면 감염성을 잃는다는 점에서 포자 같은 세균의 내구 기관과는 다를 가능성이 높다는 점(세균의 내구 기관은 90℃ 정도로는 사멸하지 않는다), 알코올에 넣어도 살균되지 않고 침전하는 성질을 갖는다는 점에서 생물이라고 보기는 어렵다는 점, 또 2년 동안이나 건조시킨 감염 식물의 표본에서도 감염성을 잃지 않는 등 건조에도 강하다는 점 등을 함께 제시했다. 베이에링크의 실험은 오카다 요시미(岡田吉美)의《담배 모

---

5) 호기성·혐기성: 미생물에는 증식할 때 산소가 필요한 호기성 생물과 필요하지 않은 혐기성 생물이 있다. 혐기성 생물의 일부(절대 혐기성 생물)는 산소가 있으면 증식하지 못한다.

자이크 바이러스 연구 100년》에 상세히 나와 있다.

'살아 있는 전염성 액체'라는 베이에링크의 대담한 결론은 상당히 치밀하고, 현재의 최신 이론으로 검증해도 충분히 비판에 견딜 만큼 수준 높은 데이터에서 얻은 것이다. 베이에링크는 정확도 높은 실험을 계획하고 수행하는 능력을 지녔고, 비록 상식에서 벗어나더라도 실험에서 얻은 결론을 옳다고 믿는 강인한 마음을 두루 갖춘 인물이었다. 내 눈에는 진실을 밝히기 위해 수도 없이 쌓고 쌓은 그의 시간이, 마치 무언가의 내압을 높이듯 축적되다가 드디어 틀을 깨는 힘이 된 것이 아닌가 생각한다. 그의 목표는 상식의 틀을 뛰어넘는 것이 아니었다. 다만 그는 '무엇이 상식인가'라는 물음에 신경 쓰지 않았을 뿐이다. 누가 뭐라 해도 베이에링크는 '바이러스'가 이 세상에 어떤 식으로 존재하는가를 최초로 발견한 인물이다.

베이에링크는 파스퇴르나 코흐 등에 비하면 지명도가 많이 뒤처진다. 하지만 공기 속의 질소 기체를 원료로 질소 화합물을 만드는(질소고정[窒素固定]) 뿌리혹박테리아를 발견했고, 특정 미생물만을 효율적으로 분리하는 직접 배양법을 개발하는 등 연구자로서의 업적이 탁월했다. 그럼에도 그의 이름이 그다지 알려지지 않은 데는 인간에게 영향을 주는 질병 균이라는 화려한 연구에 비해 주목을 덜 받는 식물을 중심으로 한 미생물을 연구했다는 점, '살아 있는 전염성 액체'라는 대담한 가설이 많은 연구자들에게 받아

들여지기에는 다소 시기상조였다는 점 등의 요소가 작용했을 것이다.

바이러스가 '일반적인 생물'과는 크게 다르다는 그의 주장이 받아들여지기까지는 그 후로도 40년이라는 세월이 필요했다.

결정화하는 '생명체'?

베이에링크가 '살아 있는 전염성 액체(contagium vivum fluidum)' 설을 주장한 이후에도 이바노프스키를 비롯한 많은 연구자는 '여과성 병원체'를 배양하기 위해 특수한 영양소가 필요한 세균, 혹은 '포자'라 불리는 '세균의 종자' 같은 내구 기관이라 여기고 그것을 증명하기 위해 노력했다. '감염증은 병원성 세균 때문에 발생한다'는 코흐의 정설은 여전히 지배력을 잃지 않고 있었다. 그런데 이런 상황에 종지부를 찍은 것은 기존의 미생물학자가 아닌 새로운 세력이었다. 새로운 세력이란 다름 아닌 1930년을 전후로 이 분야에 뛰어든 생화학자들이었다. 그들은 관찰과 배양 같은 전통적인 생물학적 방법을 사용하는 미생물학자들과는 달리 물질에서 생물로 접근하는 방법을 취했다. 키워드는 단백질이었다.

생명 현상에서 단백질의 중요성을 인식하기 시작한 것은 이보다 100년 앞선 1833년에 프랑스의 앙셀름 파앵(Anselme Payen)과 장 프랑수아 페르소(Jean-François Persoz)가 생화학적 반응을 촉진하는 능력이 있는 '효소'를 발견하면서부터다. 그들은 맥아의 추출액에 녹말의 분해를 촉진하는 어떤 인자, 즉 디아스타아제(아밀라아제)라는 효소가 활성화한다는 사실을 발견했다. 하지만 효소라고 부른 이 인자의 정체는 오랫동안 수수께끼였고 가열하면 활성을 상실하는, 생물(생명)과 비슷한 성질을 지니고 있었다. 따라서 이런 현상이 어떤 물질에 의한 것이거나 눈에 보이지 않는 어떤 생명에서 기원한 생기(生氣) 같은 것의 작용이라는 두 가지 설이 존재했다.

이 문제는 1926년에 제임스 섬너(James Sumner)가 효소의 정체를 단백질이라고 규정하면서 결론이 난다. 섬너가 이용한 논리는 단백질(우라아제)을 결정화시켜, 즉 다른 물질의 혼입을 배제하고 단일 물질로서 고도로 순수한 상태를 만드는 방법으로 높은 효소 활성이 일어난다는 사실을 증명한다는 것이었다. 섬너의 업적이 미친 영향은 이전까지 고유한 생명 활동이라고 여겨지던 생체물질의 분해와 합성이 한낱 물질에 불과한 단백질로도 가능하다는 것을 보여주었다는 점이었다. 거꾸로 말하면 단백질이 생명 활동의 근간이 되는 기능을 담당하는 성질을 지니고 있음을 밝혀낸 것이다. 이를 계기로 시대의 관심은 일제히 단백질로 이동했다.

섬너와 같은 논리를 이용해 '여과성 병원체'의 정체를 규명하려 한 인물이 생화학자인 웬들 스탠리(Wendell Stanley)였다. 그는 록펠러 연구소의 연구원이었고, 단백질 결정화 전문가인 존 하워드 노스럽(John Howard Northrop)의 동료였다. 노스럽은 위에서 분비되는

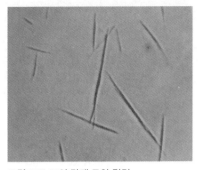

그림 8 TMV의 막대 모양 결정
출처: Knight(1974)

소화효소인 펩신을 분리해서 결정화하는 데 성공했으며 훗날 스탠리와 함께 노벨 화학상을 수상했다. 노스럽의 기술을 가까이에서 배울 수 있었던 스탠리는 비교적 대량 조제가 쉬운 담배 모자이크 바이러스(TMV)를 이용한 결정화에 착수해 성공했다(그림 8). 그가 얻은 TMV의 결정은 10억 배로 희석해도 여전히 감염성을 지닐 정도로 순도가 높았다. 식물 내부에서 증식하다가 연속적으로 식물에 질병을 일으키는, '생명 활동'이라 할 수밖에 없는 일을 하는 TMV가 광물이나 단백질처럼 결정화하는 단순한 물질이었다는 발견은 충격이었으며 바이러스학의 위대한 이정표가 되었다.

스탠리는 연구 결과를 〈사이언스〉 지에 〈담배 모자이크 바이러스의 성질을 갖는 결정 단백질의 분리(Isolation of a crystalline protein possessing the properties of tobacco mosaic virus)〉라는 제목의 논문으로 발표하고 '여과성 병원체'의 정체를 단백질이라고 규정했다. 그가

화학 분석을 한 결과, TMV 결정에는 인과 당이 함유되어 있지 않았다. 하지만 뒤에서 언급하겠지만 바이러스의 본체는 핵산이며, 실제로 TMV 입자에는 주성분인 단백질 외에 핵산의 일종인 RNA가 약 5% 포함되어 있다. 스탠리가 당과 인을 함유한 RNA 성분을 놓친 것은 당시의 분석 기술 감도가 낮았던 데다 섬너와 노스럽의 효소 결정화 실험의 성과를 모방하고 싶어 한 그의 심리도 작용했을 것이라 추측하고 있다. 그 역시 '생명 활동의 근간이 되는 기능을 담당하는 물질은 단백질'이라는 당대의 상식에서 벗어날 수 없었던 것일까?

당시 TMV의 결정화를 실험하던 그룹은 스탠리 외에도 몇몇이 더 있었다. 특히 영국의 프레더릭 보든(Frederick Bawden)과 노먼 피리(Norman Pirie)는 스탠리보다 1년 늦은 1936년에 정확도가 아주 높은 분석 결과를 〈네이처〉 지에 보고했다. 이들에 따르면 TMV의 결정은 질소 16.7%, 인 0.5%, 그밖에 당 2.5%를 함유하고, 95%의 단백질과 5%의 RNA를 구성 성분으로 갖는 핵산 단백질이었다. 이 수치는 현대의 분석 기술로 얻는 수치와 큰 차이가 없으며 '여과성 병원체', 즉 바이러스의 정체를 핵산 단백질로 규정했다는 점에서도 아주 중요한 보고다. 하지만 TMV에 소량 함유된 RNA의 중요성에 대해서는 그들도 역시 충분히 인식하지 못했다. RNA야말로 바이러스의 '핵심'이라는 사실이 밝혀진 것은 그 후로도 20년의 세월이 흐른 1956년이 되어서였다.

그 20년 동안 무슨 일이 일어났을까? 1944년에 그 유명한 오즈월드 에이버리(Oswald Avery)의 실험을 통해 전달 물질의 본체가 DNA임이 밝혀졌고, 1953년에는 제임스 왓슨(James D. Watson)과 프랜시스 크릭(Francis Crick)이 DNA 이중 나선 구조를 발표했다. 그렇게 20년 동안 시대의 초점은 단백질에서 핵산으로 옮겨갔다. 이런 시대의 흐름 속에서 TMV에서 RNA가 차지하는 중요성이 발견되었다는 것을 생각하면 바이러스 연구의 역사도 '시대의 의식'과 결코 무관하지 않음을 알 수 있다. 그 시대의 의식이나 권위에 정면 도전한 연구자와 그로부터 벗어나지 못한 연구자가 있고, 전자가 항상 영광의 스포트라이트를 받은 것도 아니라는 사실에 조금은 복잡한 심경이 들기도 한다.

어느 정도 오류가 있었다고는 하지만 식물 내부에서 증식하며 질병이라는 생명 현상을 일으키는 TMV 바이러스가 한낱 물질처럼 결정화한다는 사실을 밝혀낸 스탠리(그리고 보든과 피리)의 발견은 생명과학의 역사에 아주 큰 획을 그었다고 할 수 있다. 이들의 발견이 안겨준 가장 큰 놀라움은 당시까지 자명하게 여겨지던 생명과 물질의 경계를 애매하게 만들었다는 점이다. 성장, 증식, 진화는 생물의 고유한 속성이고 생물과 물질을 명확히 구별할 수 있다는 상식이 크게 흔들렸다. 바이러스는 순화하면 단백질과 핵산이라는 분자가 된다. 하지만 살아 있는 숙주의 세포에 들어가면 마치 생명체처럼 증식하고 진화하는 존재가 된다. 바이러스의 진짜 얼굴은 이 양면성 중 어디에 있는 걸까? 지금으로부터 약 80년 전에 스탠리와 과학자들이 던진 이 질문은 이 책의 저변을 흐르는 주제이기도 하다.

제2장

짧은 머리의
패러독스

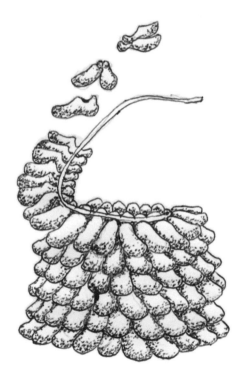

짧은 머리의 패러독스

내가 다니던 중학교에는 머리를 아주 짧게 자르는 교칙이 있었다. 이제 막 멋을 알기 시작할 나이의 중학생에게 두발 교칙을 피해 얼마만큼 머리를 기르느냐는 대단한 관심사여서 학생과 생활지도 교사 사이에서 공방이 펼쳐지고는 했다. 평소 행실이 좋지 못한 나 같은 학생은 종종 생활지도 교사에게 '머리가 길다'는 주의를 받았고, 도가 지나칠 때는 체육 선생님한테 귀가 떨어져 나갈 정도로 귀 마사지를 받는 체벌을 당했다. 지금은 두발단속과 체벌이 인권문제니 뭐니 하는 세상이 되었지만 당시에는 그게 당연했다. 지금 생각하면 그때가 나름대로 좋은 시절이었구나 싶어 가끔 그립기도 하다.

그건 그렇고, 여기서 문제는 '짧은 머리의 기준이 무엇이냐'다. 학생들은 조금이라도 머리카락을 기르고 싶어 하고 선생님은 교칙을 따르지 않는 학생을 이해시켜 머리카락을 짧게 자르도록 할 필요가 있었다. 어디부터가 교칙 위반이고 어디까지가 안전지대인가, 이것이 문제다. 어느 날, 상당히 머리가 긴 학생을 적발한 체육 선생님이 '이 정도면 짧은 머리'라고 주장하는 학생에게 이렇게 했다.

선생님은 학생들을 모두 일어나도록 하더니 머리가 긴 순서대로 세웠다. 그리고 말했다.

"옆 사람과 머리카락 길이를 비교해봐라. 전혀 차이가 없는 것
처럼 보이지?"

"이 사람이 OK면 나도 OK. 옆 사람과 비교하면 모두 OK. 그
렇게 되어버린다."

"하지만 처음 사람과 맨 끝에 선 너를 비교해봐라. 저 친구는
아주 짧은데 너는 다르지. 알겠니?"

이미 오래전 일이라 기억은 희미하지만 분명 이런 설명이었다.
당연하게도 그 남학생은 그 후에 가차 없이 귀 마사지 체벌을 받
았다.

그런데 이 에피소드는 우리에게 '짧은 머리란 무엇인가'라는
까다로운 명제를 던진다. 합리적으로 생각하면, '머리카락 길이 1센
티미터 이하를 짧은 머리라고 한다'는 교칙(정의)을 만들면 해결되
는 문제다. 하지만 머리카락의 길이가 1.05센티미터인 학생이 있
는데, 사회 통념상 그 학생의 헤어스타일을 짧은 머리로 인정하지
않느냐 하면 그렇지는 않을 것이다. 5센티미터인 머리를 짧은 머
리라고 하는 사람은 없겠지만 2센티미터면 어떨까, 아니 1.5센티
미터면 어떨까? 생물의 형질은 연속성을 지니는 경우가 많고, 어
떤 구분을 지었을 때 어디에 선을 그어야 하는가 하는 문제는 자

주 발생한다. '어떤 중학생의 머리카락이 얼마나 자라면 짧은 머리가 아닌가'라는 문제를 여기서는 '짧은 머리의 패러독스'라고 부르기로 하자. '짧은 머리의 패러독스'는 바이러스란 무엇인가, 생명이란 무엇인가를 생각할 때도 대단히 중요한 문제를 내포하고 있다.

이번 장에서는 바이러스의 기본적인 구조나 일반적인 세포성 생물과의 차이를 개괄적으로 설명할 것이다. 하지만 실제로 바이러스나 바이러스 관련 인자는 너무나 다양해서 '바이러스란 무엇인가'라는 질문은 간단한 것 같으면서도 이것만큼 답하기 어려운 문제도 없다. 이번 장에서는 바이러스와 바이러스가 아닌 것 사이의 '짧은 머리의 패러독스', 즉 그 다양한 '경계 영역'의 위험성도 소개하려 한다.

세포와 바이러스

바이러스가 보통의 생물과 결정적으로 다른 점은 '세포'라는 구조가 없다는 것이다. 세포(cell)라는 단어를 처음 사용한 사람은 '영국의 레오나르도(레오나르도 다빈치)'라고도 불리며 다재다능하기로 유명했던 17세기의 박물학자 로버트 훅(Robert Hooke)이었다. 그는 당시 최신 발명품이었던 현미경을 사용해 코르크를 관찰하던 중에 작은 방 모양의 구조를 발견했다. 그리고 수도사들이 매일 기도하며 독거 생활을 하던 수도원의 1인실에 비유해 작은 방을 의미하는 셀(cell)이라고 이름을 붙였다(그림 9). 그가 본 것은 엄밀히 말하면 숨 쉬는 세포가 아니라 세포가 죽은 다음에 남은 세포벽이기는 했지만 세포를 작은 방이라고 표현한 것은 아주 훌륭하다고 생각한다. 왜냐하면 생물에서 세포의 가장 중요한 기능을 비유적으로 말한다면 바로 '방'이라고 생각하기 때문이다.

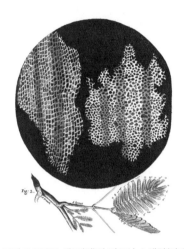

그림 9 코르크 세포(위)와 미모사 스케치(아래)
로버트 훅(1665) Micrographia

방(세포)의 중요한 역할은 외부 세계와 격리된 물리적 공간을 만드는 것이다. 문을 닫으면 방 안에는 자신만의 공간이 펼쳐진다. 자기 방이라면 마구 어지르든 핑크색 커튼을 치든 벽에 아이돌 사진을 붙이든 내키는 대로 할 수 있다. 또한 에어컨을 설치하면 원하는 온도로 설정할 수 있고 조심성 있는 사람은 모니터가 달린 인터폰을 설치할지도 모른다. 다시 말하지만 '자신만의 공간'을 만들기 위해서는 물리적으로 외부 세계와 격리되는 게 중요하다. 구획이 없으면 에어컨을 켜도 냉기가 자꾸자꾸 빠져나가고, 바깥에서 햇빛이 비치고 비가 들이칠 것이다. 바람이 불면 방에 있는 것들은 밖으로 날아가고, 밖에서는 쓰레기가 날아들 것이다. 그렇게 되면 쾌적한 환경을 유지하기란 불가능하다.

생물의 세포라는 작은 구조에서 본질적으로 '자신만의 방'을 만드는 '벽'의 역할을 담당하는 것이 세포막이라는 얇은 막 구조다. 세포막은 주요 구성 성분이 인지질이고 세포를 둘러싸는 막으로서 존재한다. 세포막의 놀라운 특성 중 하나는 '벽'으로서의 기능을 물속에서도 수행할 수 있다는 점이다. 물과 기름이 섞이지 않는다는 사실은 누구나 경험으로 알고 있다. 세포막은 가운데에 지질, 즉 물과 기름에 비유하면 기름에 해당하는 부분을 가지고 있고 이 부분이 마치 '벽'처럼 작용해 막의 양쪽에 있는 물(정확히는 물에 녹아 있는 [용질溶質])이 서로 섞이는 것을 방해한다. '벽'으로 둘러싸여 있기 때문에 생물은 내부에 외부 환경과는 다른 '자신만의 공간'을 만들고, 놀라울 정도의 정교함으로 대사와 복제라는 생명 활동에 적합한 환경을 갖춘다.

그런데 '벽'으로 구분된 방 안에는 무엇이 있을까? 어떤 생물이든 세포에는 주요 구성 요소로 세포막, 유전 정보를 갖는 DNA(및 RNA)와 리보솜[6]이 있다. 리보솜은 세포 안에서 단백질을 만드는 역할을 한다. 집기류에 비유하면 초고성능 3D 프린터라고 할 수

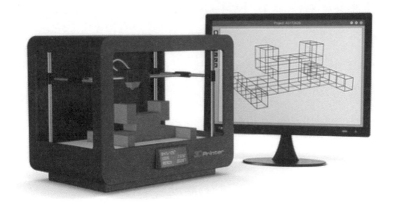

그림 10 3D 프린터

있다(그림 10). 이 3D 프린터는 우리가 요즘 사용하는 것보다 훨씬 고성능이라 설계도만 있으면 실제로 사용 가능한 편리한 도구를 무엇이든 만들어낼 수 있다. 생물은 자신의 방에 있는 초고성능 3D 프린터를 활용해 집의 가구나 조리 도구, 혹은 새 방을 증축하기 위한 목공 도구에 이르기까지 무엇이든 만들 수 있다.

그렇다면 그 방에 살고 있는 주인에 해당하는 것은 무엇일까? 말할 필요도 없이 DNA(핵산)다. 주인에게는 대단한 특기가 두 가지 있다. 하나는 분신술을 사용하는 것이고, 또 하나는 3D 프린터

---

6) 리보솜: DNA의 유전 정보로 단백질을 합성하는 세포 내 복합체. 수십 종의 단백질과 여러 종의 RNA로 구성된다. 핵 DNA에서 전사된 전달자-RNA의 정보에 기초해 아미노산을 순서대로 결합함으로써 단백질을 합성한다.

를 이용해 만든 방 안에 있는 모든 요소의 설계도를 전부 기억한다는 것이다. 주인은 때때로 분신술을 써서 몸을 둘로 만들고, 방의 크기를 두 배로 늘렸다가 둘로 쪼개기를 반복한다. 새로 만든 방에서는 자신의 설계도를 활용해 필요한 것을 3D 프린터로 생산한다. 이를 반복함으로써 자꾸자꾸 새로운 방을 만들고 분신도 점점 늘려간다.

지금까지 생물의 세포를 방에 빗대 설명했다. 그렇다면 바이러스를 여기에 대입해서 설명하면 어떻게 될까? 한마디로 집 없는 아이라고 할 수 있다. 바이러스는 들어가 지낼 방이 없다. 일단 이슬과 비를 피할 만한 레인코트는 입고 있지만 자신만의 공간이 없기 때문에 쾌적한 환경을 만들 수도 없고, 뭐든 뚝딱 만들어내는 편리한 3D 프린터도 없다. 따뜻한 방이나 먹을 것도 없이 그저 정처 없이 떠돌 뿐인, 지독히도 불쌍한 존재처럼 보인다. 하지만 집 없는 이 아이는 보통내기가 아니다. 때로는 빨간 모자에 나오는 늑대처럼 남의 집 문을 똑똑 하고 두드리기도 하고, 어떤 때는 우격다짐으로 다른 사람이 사는 방(세포)에 쳐들어간다. 집 없는 아이에게 그곳은 따뜻하고 먹을 것도 많은 천국 같은 환경이다. 사실, 집 없는 이 아이는 방 주인과 마찬가지로 분신술을 쓰고, 3D 프린터를 활용할 수 있는 설계도를 가지고 있다. 게다가 방에 들어가 움직일 수 있는 환경이 되면 능숙하게, 때로는 원래 주인을 제치고 천연덕스럽게 방 안에 있는 3D 프린터와 가재도구를 먼

저 사용한다. 원래 주인한테는 방 하나에 한 명이라는 원칙이 있지만, 집 없는 아이는 아랑곳하지도 않고 분신술을 남발해 순식간에 방을 가득 메운다. 이쯤 되면 원래 주인은 두 손을 들고 만다. 남의 방을 빼앗고, 가재도구도 마음대로 쓰고, 마지막에는 3D 프린터로 만든 새 레인코트를 입은 수많은 집 없는 아이들이 의기양양하게 방 밖으로(대부분은 방을 부수고) 나간다. 물론 예외는 있지만 이것이 바이러스 감염을 전형적으로 쉽게 설명한 예이다.

바이러스의 기본 구조

지금까지 비유를 들어 쉽게 바이러스를 설명했다. 생물학 용어로 바꾸면 바이러스는 세포막으로 둘러싸인 세포 구조를 갖지 못하고 단백질을 합성하는 리보솜도 없지만 고유의 유전 정보(바이러스 게놈[7])로 이루어진 핵산을 지니고 있다. 또한 앞서 비유에 이용

---

7) 게놈: 고전적으로는 유전학자인 기하라 히토시(木原均)가 정의한 '생물을 그 생물답게 만드는 데 필수적인 최소한의 염색체 세트'를 의미했는데, 최근에는 어떤 생물이 핵 염색체에 가지고 있는 모든 핵산 배열 정보를 가리키는 경우가 많다. 바이러스의 경우도 보유하는 모든 핵산 정보를 가리켜 바이러스 게놈이라 부른다.

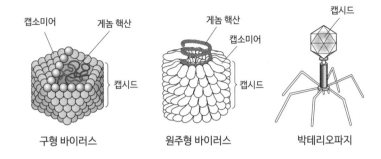

구형 바이러스　　　　원주형 바이러스　　　　박테리오파지

그림 11 각종 바이러스의 모식도

한 레인코트는 단백질로 된 캡시드라는 구조다(그림 11). 캡시드는
바이러스 게놈의 핵산을 감싸는 단백질의 집합체이며 게놈 핵산
과 함께 '바이러스 입자'[8]라고 부르는 구조체를 형성한다. 일반적
으로는 단백질 집합체인 캡시드가 게놈 핵산을 감싼 모습이 바이
러스의 공통된 기본 구조라고 여겨지고 있다.

　바이러스 입자에는 구형(정이십면체), 막대형, 끈형 등 다양한
형태가 있다. 이 중에는 박테리오파지(세균을 감염시키는 바이러스라
는 뜻. 파지라고도 한다)처럼 상당히 특이한 형태도 있다(그림 11). 캡
시드는 하나의 커다란 단백질로 바이러스 입자를 구성하는 게 아
니다. 예를 들어 담배 모자이크 바이러스(TMV)의 경우는 2천 개

---

8) 바이러스 입자: 바이러스의 게놈 핵산을 포함한 복합체 전체를 말한다. 단순한 바이러스는 게놈
　핵산과 캡시드 단백질만으로 바이러스 입자가 구성되어 있는데, 피막 같은 부가적인 구조를 갖는
　바이러스는 그것까지 포함해 바이러스 입자라 부른다.

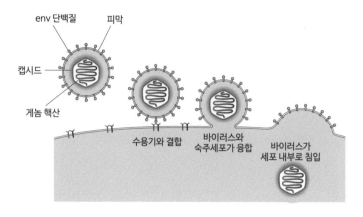

그림 12 피막을 이용한 바이러스의 감염 양식

이상의 캡시드 구성 단백질(캡소미어 혹은 서브 유닛 단백질이라고 부름)을 조립한 블록 형태로 캡시드를 구성한다. 바이러스의 종류에 따라 부품이라고 할 수 있는 캡소미어의 모양과 조립 형태가 다르기 때문에 캡시드의 형태도 달라진다.

물론 '바이러스라'는 단어 자체는 쉽다. 하지만 생물에 다양성이 있는 것처럼 바이러스도 아주 다양하고 실제로는 기본 구조를 갖추지 않거나 다양한 부가적 구조를 갖는 바이러스도 있다. 부가적 구조 가운데 비교적 많은 바이러스가 공통으로 가지고 있는 것이 피막이다(그림 12). 피막은 앞에서 얘기한 바이러스 핵산과 캡시드로 구성된 '바이러스 입자'의 바깥쪽을 감싸는 지질막 구조다. 막을 갖는 바이러스의 경우에는 피막까지 포함해서 '바이러스 입자'라고 부른다. 바이러스는 감염된 세포에서 밖으로 나올 때 숙주의 지질막(세포막이나 소포체막 등)을 벗겨내 이런 구조를 만든다. 따라서 막 자체는 숙주세포에서 비롯된 셈이다. 이를 가능하게 하는 피막(env) 단백질은 바이러스가 가지고 있는 유전자의 산물이다. 이것이 '바이러스 입자'의 가장 바깥쪽에 둘러쳐진 피막에 꽂혀 있는 것처럼 배치되어 있다. 피막은 세포막과 같은 지질막 구조로 세포막처럼 '자신만의 공간을 만드는' 역할보다는 숙주 세포막과의 동질성을 이용해 융합시킨 다음 숙주세포로 자연스럽게 침입하기 위한 구조라고 추측하고 있다(그림 12). 그렇기 때문에 가장 외부에 세포막이 있는 동물세포(식물세포의 가장 외부는 세포벽)에 침입할 때 효과적인 구조이며 실제 피막을 갖는 바이러스는 동물 바이러스에 많다.

피막은 인지질로 이루어진 세포막으로 되어 있기 때문에 그 구조를 파괴하는 비누에 약하다. 따라서 피막이 있는 바이러스는 비누로 예방하는 것이 효과적이다. 인플루엔자를 예방하려면 비누로 손을 씻으라고 권고한다. 이는 인플루엔자 바이러스가 피막을 가지고 있고, 이 구조가 파괴되면 감염력이 현저히 떨어지기 때문이다. 한편, 위장염을 일으키는 노로 바이러스는 피막이 없기 때문에 비누로 씻어도 효과가 없다고 한다.

바이러스의 게놈 핵산

바이러스의 큰 특징 중 하나는 바이러스의 게놈을 이루는 핵산의 종류가 다양하다는 것이다. 세포성 생물의 게놈 유전물질은 예외 없이 2중 가닥 구조의 DNA이다. 바이러스는 2중 가닥 DNA, 외가닥 DNA, 2중 가닥 RNA, 외가닥 RNA[9] 등 다양한 종류의 핵산을 게놈으로 가지며 형태도 선형이거나 환형이다. 따라서 바이러스 게놈에는 DNA와 RNA, 2중 가닥과 외가닥, 선형과 환형인 것이 있고 현실적으로는 이들이 조합을 이루기 때문에 바이러스의 게놈 핵산은 그야말로 다양하다.

세포성 생물은 공통적으로 2중 가닥 DNA를 사용하는데, 어째서 바이러스는 이렇게 다양한 유형의 핵산을 유전물질로 삼는 것일까? 사실 핵산의 유전 정보는 DNA든 RNA든 서로를 거푸집으로 삼아 서로 보완하는 가닥을 만들 수 있기 때문에(DNA에서는 T가 RNA에서는 U로 변환되는 미묘한 차이는 있지만), 어느 쪽이든 기본적으로 정보를 훼손하지 않고 같은 것을 유지할 수 있다(62쪽 그림 13). 예를 들어 외가닥 DNA를 게놈으로 가지고 있는 바이러스도 복제

---

9) 외가닥 RNA: ssRNA(single stranded RNA)라고도 부른다. ssRNA를 게놈으로 하는 바이러스는 바이러스 게놈을 그대로 전달자-RNA로 사용할 수 있는 양성 외가닥RNA(+ssRNA) 바이러스와 그 상보 가닥을 게놈으로 하는 음성 외가닥 RNA(-ssRNA) 바이러스 등 두 가지로 크게 분류된다.

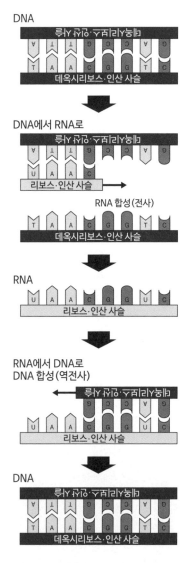

DNA

데옥시리보스·인산 사슬

DNA에서 RNA로

리보스·인산 사슬

RNA 합성(전사)

데옥시리보스·인산 사슬

RNA

리보스·인산 사슬

RNA에서 DNA로
DNA 합성(역전사)

리보스·인산 사슬

DNA

데옥시리보스·인산 사슬

그림 13 DNA와 RNA는 서로 정보를 주고
받을 수 있다

중에는 2중 가닥이 되고, 유전자를 발현하기 위해서는 RNA로도 바뀐다. 다음에 더 상세히 소개할 레트로 바이러스 등은 RNA가 다시 DNA로 바뀌기도 한다(그림 13). 현재의 세포성 생물에서는 게놈이 2중 가닥 DNA이기 때문에 DNA → RNA→ 단백질이라는 정보의 흐름이 일반적인 것처럼 보이지만 본질적으로 DNA와 RNA가 갖는 정보는 동등하며, 바이러스를 통해 정보의 상호 교환이 가능하다는 것을 쉽게 알 수 있다.

정보가 동등하다면 세포성 생물은 왜 게놈의 핵산으로 2중 가닥 DNA만을 선택하는 것일까? 게놈으로 DNA를 갖는다면 그것을 발현하기 위해서는 반드시 RNA를 만들어야 한다. 하지만 RNA 바이러스의 경우는 DNA에서 RNA를 만드는 단계를 생략할 수 있다. 우리가 보기에는 RNA를 유전물질의 본체로 삼는 게 기이해 보이지만 RNA는 DNA와 같은 양식으로 유전 정보를 복제해 자손 분자를 만들 수 있으며 유전 정보 발현에도 그대로 이용할 수 있다. 원리적으로 말하자면 생명 현상을 관리하는 데 DNA 단계가 반드시 필수적이지는 않으며, RNA 바이러스는 지극히 합리적이며 효율적인 것처럼 보인다. 실제로 바이러스 가운데는 RNA를 게놈으로 삼는 것이 많다. 특히 식물 바이러스나 균류 바이러스는 대부분이 RNA 바이러스다.

재미있는 것은 그렇게 합리적이라면 모든 바이러스가 RNA 바이러스여야 할 텐데 그렇지 않다는 사실이다. 세균 바이러스는 대부분이 DNA 바이러스이고, 동물 바이러스도 상당 부분이 그렇다. 특히 게놈 크기가 큰 바이러스는 예외 없이 2중 가닥 DNA 바이러스여서, 게놈의 크기가 증가함에 따라 운반체가 RNA에서 2중 가닥 DNA로 옮겨간 것처럼 보인다. 잘 알려진 RNA 바이러스 가운데 최대급 게놈을 갖는 것은 중증급성 호흡기증후군(Severe Acute Respiratory Syndrome: SARS)의 원인이 되는 코로나 바이러스다. 이 바이러스의 게놈 크기는 3만 염기 정도다. 다른 종류의 RNA 바이러스도 이 정도를 넘지 못해 3만 염기 정도가 RNA 바이러스의 한계인 것으로 보인다.

그 이유에 대해 확립된 학설이 있는 건 아니지만, 적어도 주요 원인 중 하나로 게놈이 증대함에 따라 꼭 필요한 유전 정보의 안정성이 높아지는 현상을 들 수 있다. RNA 분자는 DNA에 비해 분자 구조에서 화학적인 반응성이 높은 성질이 있고, 이 특성을 이용해 효소로 작용하는 리보자임(Ribozyme)이라는 RNA 분자도 있다. 하지만 한편으로 반응성이 높다는 것은 반응을 통해 다른 것으로 변할 가능성도 높기 때문에 물질로서의 안정성이 DNA보다 낮다는 결함으로 이어진다. 또한 RNA 복제효소는 DNA 복제효소에 비해 오류 확률이 높아 복제할 때 돌연변이가 생기기 쉽다.

이러한 유전 정보로서 RNA의 불안정성은 잇따라 변이 자손을 생산하는 바이러스의 생존 전략으로도 이용된다. 하지만 유감스럽게도 게놈이 커지면 높은 변이율은 치명상이 되어버린다. 예를 들어, 바이러스가 증식하지 못하게 되는 치명적인 돌연변이가 10만분의 1의 확률로 발생한다고 해보자. 게놈의 크기가 1만 염기라면 10회 복제할 때마다 한 번꼴로 돌연변이가 일어날 뿐이라 대부분의 자손은 무사하다. 하지만 게놈의 크기가 10만 염기일 때는 확률상 1회 복제만으로도 어딘가 한 곳에 치명적인 변이가 일어나고, 게놈의 크기가 100만 염기라면 1회 복제로 열 군데나 치명적인 변이가 일어난다. 이렇게 되면 아무래도 지속적으로 자손을 남기기가 불가능하다. 시스템이 증대해 복잡해지면 질수록 그 시스템을 유지하기 위해서는 한층 높은 정확도가 필요하다. 어떤 의미에서 바이러스가 효율 좋은 RNA를 게놈으로 이용할 수 있는 것은 게놈의 크기가 작다는 사실과 틀림없이 무관하지 않을 것이다.

거꾸로 말하면 인간과 같은 세포성 생물은 2중 가닥 DNA를 게놈으로 삼았기 때문에 게놈의 크기를 키울 수 있게 되었고 더 많은 유전 정보를 이용한 복잡한 시스템을 만드는 방향으로 진화해왔다고 말할 수 있을지도 모르겠다.

바이러스의 경계 영역 1-전이인자

지금까지 바이러스의 기초적인 성질에 대해 설명했다. 이제부터 바이러스와 무시할 수 없는 유사성이 있지만 전형적인 바이러스와는 조금 다른 두 가지를 소개하려 한다. 그중 하나는 '전이인자'다.

최근 많은 생물종들의 게놈 지도가 완성되면서 다양한 유형의 바이러스가 생물 게놈, 즉 핵 내의 염색체 DNA에 침입해 있다는 사실이 밝혀졌다. 이런 배열을 총칭해서 내재성 바이러스양 배열(EVE: Endogenous Viral Element)이라고 부른다. EVE에는 게놈에 침입하는 것으로 유명한 레트로 바이러스뿐만 아니라 DNA형 바이러스는 물론이고 RNA형 바이러스도 있다. 이런 바이러스들은 세균부터 동물과 식물을 망라한 고등 진핵생물에 이르기까지 폭넓

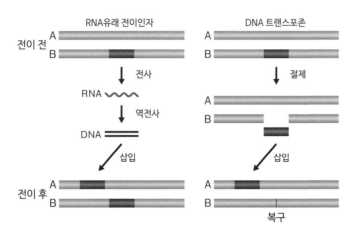

그림 14 전이인자의 두 가지 전이 양식
둘 다 염색체 B의 DNA 배열이 염색체 A로 전이했다.

은 생물종의 게놈에 보편적으로 들어 있다. EVE와 상당히 흡사한 존재로 전이인자라고 부르는 일군의 DNA 배열이 있다. 전이인자라는 용어는 트랜스포존(transposon)이나 삽입 서열(IS: Insertion Sequence)이라는 명칭으로 연구가 진행된 유전인자의 총칭인데, 이 명칭에 더 익숙한 독자도 있을지 모르겠다.

전이인자들은 바이러스와 다른 특징을 지니고 있어 질병을 일으키는 게 아니라, 게놈 DNA 속에서 일정 길이의 배열이 문자 그대로 '전이'하는(움직이는) 것이다. 쉽게 말하면 핵 안에 있는 게놈 DNA 중의 특정 DNA 배열이 원래 있던 장소에서 뛰쳐나와 다른 장소로 이사를 한다. 전이인자에는 DNA 트랜스포존과 RNA유래 전이인자라는 두 종류의 큰 그룹이 있다. 전자는 DNA 배열이 그대로 이동하지만, 후자는 전이의 중간체로 RNA를 사용한다는 특징이 있다(그림 14).

1950년 전후에 미국의 식물 유전학자 바버라 매클린톡(Barbara McClintock)이 처음으로 전이인자가 존재한다고 주장했다. 당시는 왓슨과 크릭의 DNA 이중나선 모델도 아직 발표되지 않았고 유전자가 어떤 물질인지 실체가 분명하지 않았다. 이런 상황에서 등장한 '유전자가 움직인다'는 기이한 가설은 당연히 아무도 진지하게 받아들이지 않았고 학계에서도 사실상 무시당했다. 당시 바버라가 활용할 수 있었던 연구 방법은 옥수수 교배 과정에서 유전자를 분석하고 세포학적 염색체를 관찰하는 고전적 방법이 전부였다. 지금 생각해보면 어떻게 그런 상황에서 '움직이는 유전자' 가설에까지 이르렀는지 상상이 되지 않는다. 당시 아무도 그녀의 가설을 이해하지 못했던 것도 무리는 아니다.

바버라는 독특한 감성을 지닌 연구자였다. 그녀는 훗날 '자신이 다루는 대상의 목소리에 귀를 기울이는 인내심을 가져야 한다.' '생물과 마음이 서로 통해야 한다.'고 말했다. 연구를 대하는 그녀의 독특한 스타일을 잘 표현하는 말이라고 생각한다. 그녀는 칠흑같은 어둠 속에 있는 무언가에 닿기 위해 더듬더듬, 마치 그것과 하나가 되듯 한 발 한 발 실체에 다가갔다. 그리고 그것을 자신의 내적 비전으로 조금씩 구현해나갔다. 그것은 냉철한 관찰과 침잠하는 듯한 깊은 사고를 반복해서 원목을 깎아 불상을 만들어내듯이 형태가 없는 것에 감추어진 '실체'를 찾아내는 작업이었을 것이다. 그녀는 칠흑 같은 어둠 속에서 눈을 크게 뜨고 대상을 응시할 수 있는 확고한 신념의 연구자였다. 그런 의미에서 바버라는 바이러스를 발견한 마르티뉘스 베이에링크와 왠지 비슷한 향기가 난다. 그녀도 괴짜로서의 일화가(비판도 포함해서) 많고 항상 '고독'의 이미지가 따라다녔다. 그리고 베이에링크처럼 그녀 역시 평생을 독신으로 지냈다.

다만 베이에링크와의 큰 차이점은 세균을 이용한 연구의 발달 덕분에 그녀가 주장한 '움직이는 유전자' 가설이 분자로서의 실체가 밝혀짐으로써 1983년 그녀 생전에 노벨 생리의학상을 수상하는 영광을 안았다는 점이다. 당시 여든한 살이었던 바버라는 수상 소식을 듣자, "어머나(Oh dear!)"라고 낮게 한 마디를 중얼거리고는 여느 때처럼 호두를 줍기 위해 아침 산책을 나갔다는 일화가 전해진다. 노벨상 수상이라는 사건도 그녀의 일과를 바꿀 만한 이유가 되지 않았던 듯하다. 그녀의 사진은 언뜻 봐도 무언가를 꾸준히 추구하고 싸워온 사람이라는 인상을 주고, 사람의 마음을 강하게 사로잡는 매력이 가득하다(그림 15).

그림 15 바버라 매클린톡

바버라가 '어둠' 속에서 처음으로 발견한 전이인자는 바이러스의 명확한 경계선

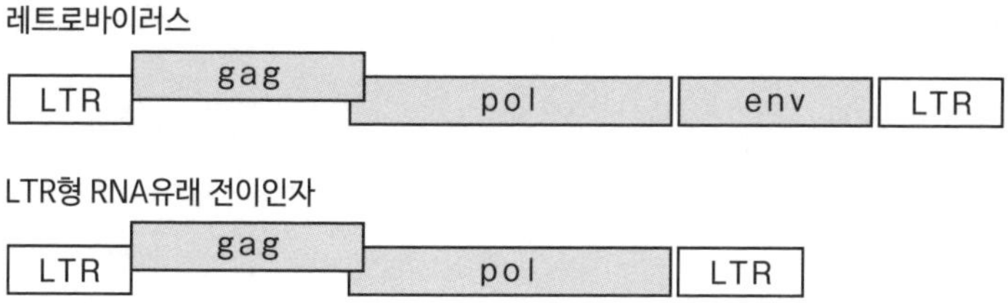

레트로바이러스

| LTR | gag | pol | env | LTR |

LTR형 RNA유래 전이인자

| LTR | gag | pol | LTR |

그림 16 레트로 바이러스와 LTR형 RNA유래 전이인자 모식도
LTR : 긴 말단 반복 서열, gag : 구조 단백질(캡시드 단백질 포함),
pol : 다단백질(역전사효소 포함), env : 피막 단백질

과 관련해 해당 분야의 전문가들도 단언하기 어려운 문제를 던지고 있다. 일례로 전이인자의 일종인 LTR형 RNA유래 전이인자와 레트로 바이러스의 관계를 살펴보자. 레트로 바이러스는 혈우병 환자에게 오염된 혈액제를 치료용으로 사용하다 에이즈에 감염시킨 사건이 사회적으로 큰 논란이 되었을 때 알려진 인간 면역결핍 바이러스(Human Immunodeficiency Virus, HIV)가 대표적이다. 이 밖에 성인 T세포 백혈병 등 치료가 어려운 질병을 일으키는 것으로 유명하다.

그림 16은 단순화한 LTR형 RNA유래 전이인자와 레트로 바이러스의 모식도이다. 이 둘이 보유하는 유전자의 이름과 유전자 구성 모두 상당히 유사함을 알 수 있다. 차이점이라면 레트로 바이러스는 LTR형 RNA유래 전이인자에 없는 env라는 유전자를 부가적으로 갖는다는 것뿐이다. env는 앞서 소개한 바이러스 입자의

바깥 껍질에 해당하는 피막을 만들기 위한 유전자이며, 레트로 바이러스가 감염 세포로부터 밖으로 나와 새로운 세포를 감염시키기 위해 필요한 것으로 여겨진다(59쪽 그림 12). 그림 17은 두 인자의 전이와 감염 주기다. 둘 다 자신의 RNA에서 역전사(逆轉寫)로 DNA를 합성하고 이를 숙주의 게놈 DNA에 삽입하는 과정을 거친다. 따라서 레트로 바이러스와 LTR형 RNA유래 전이인자는 하나의 세포 내에서 거의 똑같이 작용한다. 다만 레트로 바이러스는 피막을 사용해 세포 밖으로 나와서 새로운 세포에 감염할 수 있다는 점이 큰 차이다.

우리가 바이러스에 대해 가지고 있는 일반적인 이미지는 질병을 일으켜 새로운 세포와 개체를 잇달아 감염시키는 병원체다. 따라서 env 유전자를 지니고 새로운 세포에 감염할 수 있는 레트로 바이러스는 분명히 바이러스이며, 하나의 세포 안에서 게놈 DNA를 움직이는 LTR형 RNA유래 전이인자는 아무리 레트로 바이러스와 유사하다고 해도 전이인자일 뿐이다. 언뜻 들으면 아무 문제없이 두 그룹을 명확히 구별할 수 있는 것처럼 보인다. 하지만 얘기가 그렇게 간단하지 않다.

예를 들어 다양한 생물의 게놈 배열을 자세히 살펴보면 변이가 생겨 env가 파괴되면서 기능을 잃은 레트로 바이러스를 그 안에서 다수 발견할 수 있다. 변이된 이 바이러스들은 LTR형 RNA유래 전이인자로서의 활성은 가지고 있지만, 당연히 다른 개체에 대한

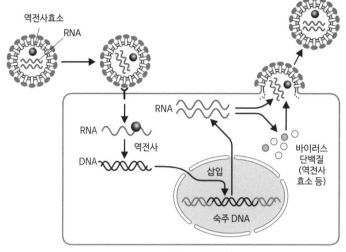

역전사효소

RNA

RNA

역전사

DNA

삽입

숙주 DNA

RNA

바이러스
단백질
(역전사
효소 등)

레트로바이러스

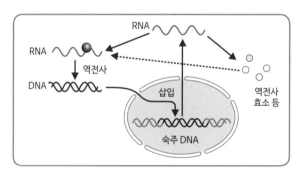

RNA

RNA

역전사

DNA

삽입

숙주 DNA

역전사
효소 등

LTR형 RNA유래 전이인자

그림 17 레트로 바이러스와 LTR형 RNA유래 전이인자의 생애 주기

감염성은 없다. 그렇다면 변이인자는 레트로 바이러스일까 아니면 RNA유래 전이인자일까? 만약 레트로 바이러스와 RNA유래 전이인자의 경계를 새로운 세포에 감염하는가 아닌가라는 생물학적 특징을 기준으로 구분한다면 env의 기능을 잃은 인자는 RNA유래 전이인자가 된다. 이 기준을 엄격히 적용하면, 극단적으로 말해 레트로 바이러스의 env 유전자가 단 한 개의 염기 변이를 일으켰을 뿐이라도 기능을 잃게 만드는 변이라면 RNA유래 전이인자다.

비유를 들어보자. 라플레시아 혹은 유글레나(연두벌레)는 식물일까?라는 분류상의 문제와 비슷하다(그림 18). 식물은 엽록소로 광합성을 하는 독립영양생물[10]의 이미지가 강하다. 하지만 라플레시아는 아주 큰 꽃을 피우면서도 엽록소가 없고 광합성도 하지 않는다. 그렇다면 어떻게 살아갈까? 테트라스티그마라는 포도과 식물에 기생해 영양분을 섭취하면서 종속영양생물로서 살아간다. 한편, 유글레나는 동물처럼 움직이는 미생물인데 엽록체가 있으며 광합성을 할 수 있다. 따라서 광합성을 하는 생물을 식물이라고 한다면 라플레시아는 식물이 아니고 유글레나가 식물인 셈이다.

단, 일반 생물(바이러스 포함)의 체계적인 분류는 감염성이 있다/없다, 광합성을 한다/하지 않는다 등의 특정한 생물학적 특징에

---

10) 독립영양생물: 무기화합물로부터 빛과 화학에너지를 얻어 자력으로 유기화합물을 합성해 생활하는 생물을 독립영양생물이라 부르며, 이들 독립영양생물에서 다양한 형태로 유기물을 섭취해 생활하는 생물을 종속영양생물이라 부른다.

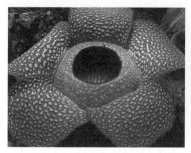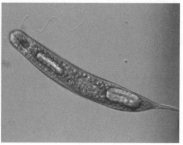

그림 18 라플레시아(왼쪽)와 유글레나(오른쪽)
자료 제공: Rendra Regen Rais(왼쪽)와 츠키이 유지(호세대학, 오른쪽)

만 의존하지는 않는다. 예를 들어 리보솜 RNA처럼 대부분의 생물이 공통으로 가지고 있는 유전자 배열의 유사성을 통해 진화적인 관계를 밝히는 분자 계통 분석이라는 방법을 이용한다. 이는 진화적인 관계가 가까우면 보유하는 유전자의 배열도 비슷할 것이라는 생각에 기초해 유전자 배열(단백질의 아미노산 배열이 이용되는 경우도 있음)의 유사성을 수치화함으로써 계통 관계를 추정하는 방법이다. 이 방법을 이용하면 라플레시아는 광합성을 하지 않아도 식물로 분류되고, 유글레나는 식물도 동물도 아닌 엑스카바타라는 분류군에 속한다. 이런 분류 방법이 특정한 생물학적 특징에 주목한 분류 방법보다 진화적인 관계를 더 정확히 나타낸다고 여겨진다.

이 방법을 이용해 곤충과 포유류의 레트로 바이러스와 LTR형 RNA유래 전이인자의 계통을 분석하면 어떻게 될까? 74쪽 그림 19는 이들 인자가 갖는 역전사효소의 배열(69쪽 그림 16 참조)에 기초한 분

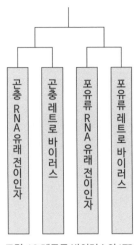

그림 19 레트로 바이러스와 LTR
형 RNA유래 전이인자
의 계통 관계
역전사효소 배열 분석
데이터는 McCarthy &
McDonald(2004) 및 Bao
et al.(2010) 참조

석 결과를 아주 단순화해서 제시한 것이다. 재미있게도 레트로 바이러스와 LTR형 RNA 유래 전이인자를 먼저 분류하는 게 아니라, 곤충 인자와 포유류 인자를 먼저 분류한 다음 그 안에 각각 레트로 바이러스와 LTR형 RNA유래 전이인자가 들어가는 관계가 된다.

이 결과는 진화적으로 생각하면 원래 레트로 바이러스와 LTR형 RNA유래 전이인자라는 두 개의 다른 그룹이 존재했던 게 아니라 레트로 바이러스와 LTR형 RNA유래 전이인자의 공통 선조가 있고, 그것이 곤충과 포유류의 진화에 맞춰 분화한 다음 각각의 그룹 안에서 레트로 바이러스가 되거나 LTR형 RNA유래 전이인자가 되었음을 말한다.

이런 사실들을 종합해서 생각해보면 레트로 바이러스와 LTR형 RNA유래 전이인자는 계통적 의미에서는 하나의 집단이라고 이해하는 게 맞는다고 생각할 수 있다. 즉, 레트로 바이러스는 세포 밖으로 나가게 된 LTR형 RNA유래 전이인자라고 할 수 있고, LTR형 RNA유래 전이인자는 세포 밖으로 나가지 않은 레트로 바이러스라는 식으로 생각할 수도 있다. 바이러스는 숙주에 질병을 일으키는 비세포성 인자라는 속성을 기점으로 연구가 시작되었고, 전이인자는 게놈 안에서 살아가는 장소를 바꾼다는(혹은 새 장소를 증가시키는) 속성에 착안해 연구가 진행되어 왔다. 논리적으로 이들의 관계는 결코 배타적이지 않고 겹치는 경우가 있을 수 있다.

레트로 바이러스와 LTR형 RNA유래 전이인자의 관계가 극단적인 예이기는 하지만, 매버릭이나 플린튼이라고 부르는 최근에 발견한 DNA형 전이인자들도 DNA 바이러스와 상당히 유사하기 때문에 지금 언급한 것과 같은 문제가 발생하고 있다. 하지만 다른 한편으로 전이인자 중에는 분명히 바이러스와는 다른 것도 존재하는 게 사실이기 때문에 모두를 하나의 그룹으로 묶는 것도 곤란하다. 그렇다면 어디에 그 경계선을 그어야 할까? 1.5센티미터를 허용하면 1.6센티미터도, 1.6센티미터를 허용하면 1.7센티미터도 허용해야 하는 이 '짧은 머리의 패러독스'가 바이러스와 전이인자 사이에도 존재한다.

바이러스의 경계 영역 2
－캡시드가 없는 바이러스

모든 교과서는 바이러스 핵산이 자신을 보호하는 단백질 성분의 캡시드로 둘러싸여 있다고 설명한다. 이는 바이러스 입자를 구성하는 캡시드가 결정적인 바이러스의 특징 중 하나로 여겨지고 있다는 뜻이기도 하다. 하지만 놀랍게도 최근 몇 년 사이에 캡시드가 없는 바이러스의 존재가 서서히 인정을 받기 시작했다.

예전부터 식물이나 진균[11]의 세포질에는 외부에서 유래한 것으로 추정되는 각종 RNA, 특히 2중 가닥 RNA가 잦은 빈도로 나타난다는 사실이 알려져 있었다. 이들 중 대부분은 바이러스로 분류되었지만 흥미롭게도 '보통 바이러스'처럼 특정 질병의 원인이 되거나 숙주의 생육 불량을 일으키지 않았으며, 언뜻 봐서는 특별히 유익하지도 유해하지도 않은 존재처럼 보였다. 물론 숙주의 생육 저해나 포자형성 저하, 색소 합성 저하와 같은 가시적인 질병의 징후를 유발하는 바이러스도 있기는 하지만 식물이나 진균에는 질병을 일으키지 않는 바이러스도 상당수 존재한다. 또한, 진균에서 발견된 바이러스에서 이런 현상이 특히 현저한데, 이들에는 감염력이 없거나 있더라도 지극히 미약한 것이 많다. 즉, 바이러스를 둔화시켜 감염되지 않은 숙주세포와 섞어도 새로운 감염이 일어나지 않는다. 그렇다면 어떻게 이런 '품위 있는' 바이러스가 숙주 집단 내에서 유지되는 것일까? 사실은 진균의 상당 부분

11) 진균: 진핵생물군 중 하나. 비교적 하등한 진핵생물로 여겨지며 대부분은 다세포생물이지만 일부는 단세포다. 버섯, 효모, 곰팡이 등이 있다.

에서 다른 개체와 균사를 융합시켜 유전자를 교환하는 균사 융합이라는 현상이 일어난다. 바이러스도 이때 다른 개체로 운반될 수 있으며, 가만히 기다리고 있으면 일부러 숙주의 세포를 파괴하고 밖으로 나가지 않아도 되는 것이다.

이처럼 캡시드가 없는 바이러스는 대부분 감염성도 확실하지 않고 숙주에 감염해도 질병을 유발하지 않는, 바이러스라고 하기에 애매한 바이러스들을 연구하는 과정에서 발견했다. 캡시드가 없다는 것은 바이러스로서는 이단적인 특징이라 할 수 있으나, 적어도 서로 다른 4종류의 바이러스가 있는 것으로 알려져 결코 예외적인 존재라고 할 수는 없다. 또한 진균이나 식물과 더불어 분류학적으로는 크게 다른 난균류[12]에서도 발견되고 있다. 캡시드가 없는 바이러스의 유전자 배열을 이용해서 앞서 소개한 분자 계통 분석을 했더니 대부분이 캡시드를 갖는 평범한 바이러스와 가깝다는 사실이 판명되었다. 진화적으로 보면 원래는 캡시드를 갖는 평범한 바이러스였는데 세포 밖으로 나와 새로운 숙주를 감염시키는 생애 주기를 잃었거나 그 빈도가 낮아지다가 결국에는 캡시드를 상실한 것으로 보인다. 방 밖으로 나가지 않으면 비에 젖을 리도 없으니 레인코트가 필요 없는 것이다.

---

12) 난균류: 오계설에서는 '원생생물'로 분류되는 하등 진핵생물. 현재의 분자 계통 분석에 기초한 분류에서는 Stramenopiles라는 분류군에 속하는 미생물이며 식물의 병원균으로 알려져 있다.

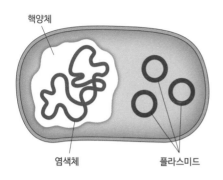

핵양체

염색체   플라스미드

그림 20 세균의 세포와 플라스미드

이처럼 세포질에 존재하며 꾸준히 증식하는 핵산성 인자로는 플라스미드(plasmid)가 있다(그림 20). 1950년대에 세균에서 발견한 플라스미드는 염색체 DNA와는 별개로 독립적인 자율 복제 능력을 갖는 유전인자다. 플라스미드를 보유하면 항생물질에 내성을 갖게 되거나 세균의 교배인 접합이 가능해지는 등의 현상이 발견되었다. 그렇다면 이런 세균질에 존재하는 플라스미드와 감염성, 병원성, 캡시드가 모두 없는 바이러스 사이에는 어떤 본질적인 차이가 있을까?

캡시드가 없는 바이러스가 현재 바이러스류로 인정받는 이유는 보유 유전자의 배열을 볼 때, 평범한 바이러스와 계통적으로 같은 선조에서 유래한다고 판단하기 때문이다. 하지만 현실적으로는 이들 중 대부분은 소위 말하는 '바이러스로서의 특징'을 이미 잃었고, 세포질에서 자율적으로 복제, 유지되는 플라스미드와 거의 다르지 않은 존재다. 현재 플라스미드로 분류하는 것들 중에도 보유 유전자의 조상이 DNA 바이러스의 조상과 같다고 여겨지는 것도 있다. 같은 논리를 적용하면 플라스미드 역시 바이러스라고 간주할 수밖에 없다. 여기서도 경계는 참으로 애매하다.

바이러스, 전이인자, 그리고 플라스미드는 발견한 과정이 서로 다르고 전형적인 연구 대상으로서 각자의 성질에 차이는 있으나 실제로는 하나로 연결되어 있다. 전이인자든 바이러스든 본질적으로 중요한 것은 안정적으로 자손(자신의 복제)을 남기는 일이지 질병을 일으키거나 전이 자체는 분명 아니다. 따라서 감염성과 전이성을 모두 잃더라도 어떤 수단을 통해 안정적으로 자손을 남길 수 있는 환경이 주어지면 그에 적응한 형태에서 '진화'가 일어날 수 있다. 당연히 인자들의 입장에서는 인간이 만든 기준에 들어가느냐 들어가지 않느냐는 전혀 중요하지 않다. 바이러스든 전이인자든 플라스미드든 결국은 안정적으로 증식해 자손을 확실히 남겨온 것들이, 지금도 같은 방법으로 증식하며 존재하고 있다. 분명 그 이상도 이하도 아니다.

제3장

숙주와 공생하는
바이러스들

에일리언

2087년, 자원 광석 2천만 톤과 7명의 승무원을 태우고 지구 귀환 길에 오른 우주 화물선 노스트로모 호는 미지의 다른 별 문명에서 발신한 것으로 추정되는 전파 신호를 접수한다. 전파 발신지인 혹성 LV-426에 착륙한 승무원들이 발견한 것은 의문의 우주선과 배에 상처를 입은 우주인의 사체였다. 근처에는 알처럼 생긴 거대한 물체가 무수히 많았고, 이를 기이하게 여긴 승무원 중 한 명이 유심히 알을 쳐다보았다. 그 순간 알 같은 물체에 균열이 가더니 거미처럼 생긴 기이한 생물이 튀어나와 승무원의 얼굴에 달라붙는다.

거미 같은 생물의 습격을 받은 승무원은 입과 코가 틀어막힌 채 혼수상태에 빠지지만 그 생물이 승무원의 몸에 공기를 공급하고 있어 간신히 목숨은 유지한다. 다행히도 며칠 후 그 생물은 죽어서 떨어져 나가고 혼수상태였던 승무원도 무사히 회복한다. 하지만 정체불명의 생물은 승무원의 몸에 유생을 낳았고, 그의 몸에서 성장한 유생은 결국 승무원의 배를 찢고 나온다.

이 얘기는 1979년에 개봉한 SF공포영화 〈에일리언〉의 초반 장면이다. 오래 전에 만들어진 영화지만 텔레비전에서 여러 번 방영

되었고, 속편이 흥행에 성공해 유명해졌다. 개봉 당시 나는 중학생이었을 것이다. 에일리언이 승무원의 몸에서 튀어나오는 영상은 대단히 충격적이어서 영화가 끝난 후에도 그 공포감이 한동안 머릿속에서 떠나지 않았던 기억이 있다.

영화에 나오는 에일리언의 생태에는 분명 모델이 있다. 그렇다, 에일리언처럼 다른 생물의 몸속에 기생하다가 튀어나오는 생물이 지구 상에 살고 있다. 정말 무서운 일이다. 그 생물은 길이가 수 밀리미터에서 수 센티미터에 이르는 기생벌이다. 이 작은 '에일리언'의 대표적인 무리가 고치벌인데 대부분이 다른 곤충(나방)의 유충에 기생한다. 여기서는 카리야고치벌의 예를 중심으로 소개할 텐데 그 생태를 보면 '경이롭다'는 말밖에 나오지 않는다.

카리야고치벌의 숙주가 되는 불쌍한 희생자는 옥수수나 벼의 주요 해충인 조밤나방의 유충이다. 조밤나방의 일본어 이름인 아와요토의 요토(夜盜)는 하룻밤 새 작물이 도둑맞은 것처럼 피해를 입는다고 해서 붙었을 정도로 농가에 큰 피해를 주는 해충이다. 산란기의 카리야고치벌은 조밤나방의 유충을 발견하면 몸을 접고 날아올라 바늘 같은 산란관을 유충에 꽂아 한 번에 수십 개의 알을 낳는다. 이 과정은 고작 몇 초 만에 벌어지는데, 그 모습은 마치 가볍게 날아오르는 검객과 같다(84쪽 그림 21). 카리야고치벌의 알은 조밤나방 유충의 몸속에서 부화하고 에일리언처럼 숙주에서 양분을 섭취하면서 성장하다가 부화한다. 그 후 약 열흘이 지나면

그림 21 (왼쪽) 기생벌이 숙주에 알을 낳는 모습

그림 22 (오른쪽) 숙주(흰눈까마귀밤나방)에서 나와 숙주에 붙어 번데기가 된 기생벌(배추나비고치벌)의 유충
자료 제공: 스기우라 신지(고베대학)

성숙한 유충(3령 유충)이 조밤나방 유충의 몸을 뚫고 밖으로 탈출하기 시작한다. 바로 영화의 그 공포스러웠던 장면이다. 하지만 현실은 SF공포영화보다 더 교묘하고 기분 나쁘다.

카리야고치벌 유충이 탈출할 시기가 되면 숙주인 조밤나방 유충은 갖가지 기묘한 행동을 한다. 조밤나방은 그 이름처럼 본래 야행성이며 낮에는 땅속 같은 곳에 숨어 있다가 밤이 되면 식물을 타고 올라오는 습성이 있다. 이는 새나 기생벌 같은 주행성 천적에게서 몸을 피하기 위한 습성으로 보인다. 하지만 카리야고치벌 유충이 몸 밖으로 나올 시기가 되면 조밤나방 유충은 마치 무언가에 조종이라도 당하는 것처럼 낮에 식물의 잎으로 이동해 그곳에 멈춘다. 그리고 그 잎 위에서 카리야고치벌 유충 떼가 조밤나방 유충의 피부를 뚫고 나온다(그림 22). 참 이상한 것은 조밤나방 유충은 피부가 찢기고 있는데 발버둥치지도 않고, 카리야고치벌 유충이 기어 나오는 동안에도 고통을 느끼지 않는 것처럼 꼼짝하지 않는다. 상식적으로 생각하면 영화 〈에일리언〉에서처럼 피부가 찢긴 조밤나방 유충의 몸에서는 체액이 흘러나오고 곧 죽는 게 맞을 텐데, 조밤나방의 유충은 체액을 흘리지 않고 죽지도 않는다. 대체 무슨 일이 일어난 것일까?

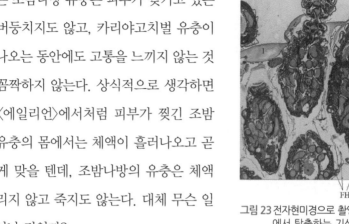

그림 23 전자현미경으로 촬영한 숙주에서 탈출하는 기생벌 유충 사진
출처: Nakamatsu et al.(2007)

이토록 기묘한 카리야고치벌 유충의 탈출극은 탈출 전 준비 과정에서 시작한다. 탈출 직전에 카리야고치벌은 2령 유충에서 성숙 유충이 되기 위한 탈피를 한다. 이때 생긴 허물(탈피각[脫皮殼])이 탈출할 때 중요한 역할을 한다. 카리야고치벌의 유충은 탈피각을 이용해 자신의 주변을 감싸는 탈피용 캡슐 같은 구조를 만든다(그림 23). 그리고 캡슐째 몸 바깥쪽을 향해 이동한 다음 피부를 뚫고 나온다. 머리가 나오면 이번에는 캡슐을 찢고 그 안에 들어 있던 성숙 유충만 숙주의 몸 밖으로 탈출한다. 이 과정에서 조밤나방 유충의 몸 안에 남겨진 캡슐은 피부에 생긴 구멍을 막는 뚜껑 같은 역할을 해서 체액이 밖으로 새지 않는다. 그야말로 교묘한 장치가 아닌가?

기생벌 유충이 숙주를 죽이지 않고 몸 밖으로 나오는 현상은 카리야고치벌뿐만이 아니라 많은 기생벌–숙주의 관계에서 볼 수 있다. 유감스럽게도 이는 결코 기생벌이 숙주에게 베푸는 친절이 아니다. 조밤나방 유충에서 탈출한 카리야고치벌의 성숙 유충들은 식물 표면에 고치를 만들고 그 안에서 번데기가 된다. 그렇다면 간신히 연명하고 있는 조밤나방 유충은 어떻게 될까?

마지막 힘을 짜내 그 장소를 떠난 유충은 식물의 잎에서 굴러떨어지기도 하면서 결국 죽음을 맞는다. 이는 카리야고치벌의 고치 주변에 조밤나방 유충의 사체가 있으면 미생물이 번식해 고치를 오염시키기 때문에 이를 피하기 위한 행동이라고 한다. 다른 기생벌–숙주 관계에서도 죽어가는 숙주가 이타적인 행동을 보이는 예가 많다. 예를 들면 배추흰나비의 유충에 기생하는 배추나비고치벌이 있다. 숙주인 배추흰나비 유충은 죽어가면서 실을 토해 고치벌이 고치를 만드는 작업을 돕는다. 또 맵시벌이 기생하던 은먼지거미는 기생벌의 번데기를 위해 거미줄을 치고 죽어가는데, 그 거미줄은 평소 만드는 것보다 30배나 강한 특수한 줄임이 밝혀졌다. 어째서 이렇게 대단한 호의를 베푸는지 도무지 모르겠다.

숙주들의 이런 행동은 완전히 기생벌에 조종당하고 있다고 밖에 생각할 수 없는 것이다. 아무리 기생벌의 유충이 체내에 남아있다 해도 어떻게 조종이 가능한지 신기한 현상인데, 대부분의 유충이 몸 밖으로 탈출한 다음에도 조종은 계속된다. 영화 〈에일리언〉에 대입해보면 에일리언이 사람 몸에서 나간 후에도 죽어가는 인간을 조종한다는 얘기가 된다. 이 정도면 초자연적이라고 할 수밖에 없다. 좀비를 조종하는 듯한 일을 가능하게 하는 기관은 아직까지도 밝혀진 바가 없으며 현실의 생물은 인간의 상상력을 훨씬 초월한다는 것을 절실히 느끼게 하는 현상이다.

폴리드나 바이러스

지금까지 얘기한 기생벌과 숙주의 생태적인 관계는 이것만으로도 충분히 감탄할 만한 신비로움이 가득하다. 사실 이 관계의 성립에 중요한 역할을 하는 기묘한 바이러스가 있다. 바로 폴리드나 바이러스(polydnavirus)다. 폴리드나 바이러스는 바이러스라고 부르기는 하지만 지금부터 소개할 그 행동은 평범한 바이러스 감염과는 전혀 다른 독특한 존재다.

앞에서 말했지만 기생벌은 숙주의 몸 안에 알을 낳는다. 포유동물이 다양한 면역 기관을 가지고 있는 것처럼 곤충도 기생 생물로부터 자신을 지키기 위해 이물질을 배제하는 시스템이 있다. 곤충에는 자연면역[13]이라는 생체 방위 기관이 있고, 과립 세포와 형질 세포[14]라는 두 개의 면역계 혈구 세포가 기생벌의 알 같은 대형 이물질에 결집해 주위를 감싸는 반응을 볼 수 있다. 이 세포들이 체내에서 층을 이룬 포위망을 만들어 침입자를 격퇴한다. 하지만 기생벌이 알을 낳은 경우에는 웬일인지 이런 면역 시스템이 제대로 작동하지 않는다. 그렇다면 기생벌은 어떻게 숙주 안에서 면역 기관의 감시를 피할 수 있는 걸까?

중요한 요인 중 하나가 기생벌이 가지고 있는 폴리드나 바이러스다. 이 바이러스는 기생벌 안에 사는데 암컷의 난소에 있는 난소 받침 세포라는 제한된 부분에서만 증식하고 기생벌의 발육에 나쁜 영향을 주지는 않는다. 폴리드나 바이러스는 기생벌이 산란기에 알과 함께 숙주의 체내에 주입하는 '독액'이라는 액체 성분에 들어있다(그림 24). 이 바이러스는 기생벌 유충이 숙주의 체내에서 성장하기 위해 필수적인 것으로서 독액에서 제거하면 기생할 수 없게 된다. 폴리드나 바이러스는 기생벌이 가지고 있는 바이러스지만 바이러스로서의 진가를 발휘하는 것은 기생벌 체내에서가 아니라 알을 낳는 장소인 조밤나방 유충 같은 숙주의 체내에서다.

---

13) 자연면역: 동물·식물·균류 등의 광범위한 생물에 존재하는 병원체에 대한 방어기관이며, 일부 경로는 진화적으로 널리 보존되어 있다. 체액성 및 세균성으로 이루어지는 복수 면역 기관의 총칭이며 신속·비특이적·범용적이라는 특징들을 갖는다.

14) 과립세포·형질세포: 곤충의 혈액 중에 있는 면역을 담당하는 혈구의 명칭. 과립세포는 주로 이물에 대한 식균작용을 나타내고, 형질세포는 이물을 감싸는 포위화작용을 촉진함으로써 과립세포의 식작용을 보조한다.

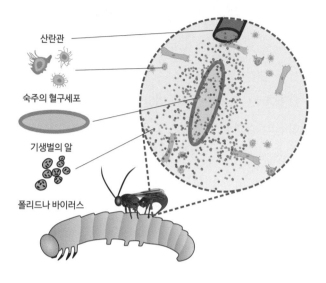

산란관

숙주의 혈구세포

기생벌의 알

폴리드나 바이러스

그림 24 폴리드나 바이러스는 기생벌의 산란과 동시에 숙주에 주입된다.

알과 함께 숙주 체내에 주입된 폴리드나 바이러스는 숙주의 다양한 세포를 감염시키지만, 일반적인 바이러스처럼 감염 세포 내에서 증식하는 일은 없다. 감염 후에는 자손 바이러스를 만들지 않고 앞에서 소개한 레트로 바이러스처럼 바이러스 입자 내의 DNA를 핵으로 이동시키며, 숙주의 게놈 DNA에 파고든다. 그 후 숙주의 게놈 DNA에서 자신의 유전자를 발현시켜, 그 산물인 단백질을 숙주 체내에서 생산하기 시작한다. 가장 활발히 연구가 진행된 고치벌의 일종인 기생말벌(Cotesia congregata)이나 맵시벌의 일종인 소노라맵시벌(Campoletis sonorensis)의 예에서는 지금까지 숙주 게놈에 잠입한 폴리드나 바이러스가 기생벌을 위해서 적어도 두 가지 중요한 역할을 한다는 사실이 명확히 밝혀졌다.

첫 번째 역할은 지금까지 말했듯 숙주에 낳은 기생벌의 알과 유충에 대항하는 숙주의 면역 반응을 억제하는 일이다. 폴리드나 바이러스의 감염으로 조밤나방 등 숙주 게놈에 운반되는 유전자 수는 바이러스의 종류에 따라 차이는 있지만 100개 이상인 예도 있고 그 모든 기능이 밝혀지지는 않았다. 하지만 그중 몇몇은 숙주 면역 기관의 중추를 공격한다는 사실이 이미 밝혀졌다. 예를 들면 폴리드나 바이러스의 일종인 CsⅣ에 감염된 숙주세포에서는 아미노산인 시스테인을 다량 함유한 Cys 패밀리라는 일군의 단백질이 다량 검출된다. 바이러스에서 유래한 Cys 패밀리 단백질은 숙주의 세포성 면역의 중추인 과립 세포 등과 결합해 면역 세포로서의 기능을 파괴해버린다. 더욱 강력한 작용으로는 몇몇 폴리드나 바이러스에서 유래한 단백질이 과립 세포의 아포토시스(세포의 자살)를 유도하는 경우도 확인되었다. 면역 기관의 주력 세포가 자살을 해버리기 때문에 아예 면역 기능을 할 수 없는 것이다.

또한 폴리드나 바이러스에 있는 Vankyrin이라는 단백질은 무척추동물부터 포유동물에 이르기까지 널리 보존된 자연면역의 중심을 이루는 단백질을 표적으로 삼아 NF-kB라는 단백질의 활성화를 저해한다. NF-kB 단백질은 유전자의 발현을 제어하는 중요한 기능을 한다. 특히 이물질에 대한 면역 반응에 필요한 대부분의 유전자 발현을 제어한다고 알려져 있다. 따라서 중심 역할을 하는 NF-kB 단백질의 기능이 약해지면, 다른 많은 면역 관련 유전자의 발현에 이상이 발생하고 당연히 정상적인 면역 반응이 일어나지 않는다. 이처럼 폴리드나 바이러스에서 유래하는 단백질은 숙주의 여러 면역 기관을 계층적인 목표로 삼아 효과적으로 면역 억제를 유도한다.

폴리드나 바이러스의 또 다른 역할은 숙주의 변태를 막는 일이다. 숙주가 되는 조밤나방 유충처럼 우리가 흔히 '애벌레'라고 부르는 것은 일반적으로 여러 차례 탈피를 거듭한 후에 번데기가 되고 날개가 돋아나 성충이 된다. 하지만 기생벌의 성숙 유충은 숙주의 피부 표면을 찢고 탈출하기 때문에 숙주의 피부가 번데기처럼 단단해지면 탈출이 어려워진다. 또한 번데기가 되어버리면 앞서 얘기한 것처럼 탈출 후에 숙주의 유충에게 다시 한 번 도움을 받을 수도 없게 된다. 따라서 기생벌의 유충은 탈출하기 전에 조밤나방 유충이 번데기가 되는 것을 원하지 않는다. 기생벌의 이기적인 요구를 실현하기 위해 폴리드나 바이러스가 큰 역할을 하는 것이다.

곤충의 변태는 탈피호르몬(ecdysone)과 유충호르몬(JH)이 제어한다는 사실이 연구를 통해 밝혀졌다. 탈피호르몬은 탈피나 번데기화 같은 곤충의 성숙화를 촉진하고, 유충호르몬은 거꾸로 이를 억제한다. 두 호르몬이 균형을 맞춰 곤충의 번데기화 등을 조절하는 것이다. 그런데 폴리드나 바이러스가 감염시킨 숙주의 유충은 번데기로 변할 시기가 되어도 유충호르몬을 계속 생성하고 이를 분해하는 효소도 충분히 활성화하지 못한다. 그 결과 숙주의 유충은 번데기가 되지 못한다. 곤충 호르몬의 이상 작용도 폴리드나 바이러스가 유발하는 것이다.

지금까지 살펴본 폴리드나 바이러스와 기생벌의 상호 작용은 그야말로 놀랍다. 숙주를 감염시켜 병들게 하는 보통의 바이러스와 전혀 다른 활동을 한다. 폴리드나 바이러스는 자신의 숙주인 기생벌이 아니라 기생벌의 숙주인 애벌레의 체내에 주입된 후에 '바이러스다운 행동'을 한다. 폴리드나 바이러스는 기생벌에게는 분명 적군이 아닌 아군이며, 일종의 공생 관계라고 여겨진다. 폴리드나 바이러스는 숙주와 '공생하는 바이러스'인 것이다.

신비로 가득 찬 폴리드나 바이러스의 기원

지금까지 살펴본 것처럼 폴리드나 바이러스와 기생벌의 생애 주기는 지극히 교묘하고 놀랍지만 기묘한 이야기는 아직 끝나지 않는다. 폴리드나 바이러스의 놀라운 성질에 대한 얘기는 사실 지금부터가 시작이다.

폴리드나 바이러스라는 이름은 다수를 의미하는 접두어 폴리(poly)와 DNA를 합성한 polyDNA에서 유래한다. 그 이름처럼 폴리드나 바이러스 입자에는 다수의 환형 DNA 분자가 있다. 그 수는 바이러스의 계통에 따라 달라서 30~100개에 이른다. 게놈의 핵산이 여러 분자로 이루어지는 '분절 게놈'이라는 형태가 바이러스에는 결코 드물지 않지만 이토록 많은 예는 없다. 최근 들어 몇몇 폴리드나 바이러스 계통에서 바이러스 입자에 포함된 DNA의 모든 염기 배열을 해독했는데 아주 기묘한 특징을 발견했다. 바이러스라면 당연히 있다고 여겨지던 자기 복제를 위한 복제 효소와 바이러스 입자를 구성하는 캡시드 단백질 같은 유전자가 그 어디에서도 발견되지 않은 것이다. 앞 장에서 폴리드나 바이러스는 감염시킨 숙주세포 내에서 증식하지 않는다고 했다. 바이러스 입자에 증식을 위한 유전 정보가 없으니 당연한 일이다.

여우에 홀린 것 같은 이야기이다. 그렇다면 폴리드나 바이러스는 어떻게 증식을 하고 바이러스 입자를 형성할까? 프랑스 국립 연구센터의 아니 베지에(Annie Bézier) 연구진은 폴리드나 바이러스가 증식하는 기생벌의 세포에 수수께끼를 풀 열쇠가 있다고 판단해 기생벌 난소(난소 받침 세포)의 유전자 발현을 상세히 분석했다. 그 성과는 2009년도 〈사이언스〉 지에 발표되었는데 분명 바이러스 DNA에서는 보이지 않던 캡시드 등의 유전자가 다수 발현되었다는 내용이었다. 그렇다면 바이러스 관련 유전자는 대체 어디서 온 것일까?

수수께끼의 해답은 기생벌의 게놈 DNA였다. 바이러스 DNA에는 포함되지 않았던 바이러스 증식에 필수적인 RNA 중합효소,[15] 캡시드와 피막 단백질을 발현하기 위한 유전자가 놀랍게도 기생벌의 게놈 DNA에 암호화되어 있고, 폴리드나 바이러스는 거기서 공급되는 단백질을 이용해 기생벌 세포에서 증식하고 있었던 것이다. 2009년 이전에도 바이러스 단백질을 발현하기 위한 유전자가 기생벌의 게놈 DNA에 암호화되어 있다는 보고는 있었지만 베지에 연구진의 체계적인 분석으로 폴리드나 바이러스의 증식에 필요하다고 보이는 유전자군은 거의 모두 기생벌 게놈에 존재하며, 그것들이 특정 게놈 영역에 비교적 집중되어 있다는 사실이 밝혀진 것이다(그림 25).

폴리드나 바이러스의 특성을 어떻게 생각하면 좋을까? 기생벌의 게놈에서 발현한 유전자로 바이러스 입자를 만드는 폴리드나 바이러스는 기생벌 세포 안에서만 증식할 수 있다. 그렇게 '증식한' 바이러스 입자는 기생벌이 숙주를 제어하기 위해 필요한 기생

---

15) RNA 중합효소: RNA 합성효소. DNA를 거푸집으로 삼아 RNA를 합성하는 것과 RNA를 거푸집으로 삼아 RNA를 합성하는 두 가지 종류가 있다.

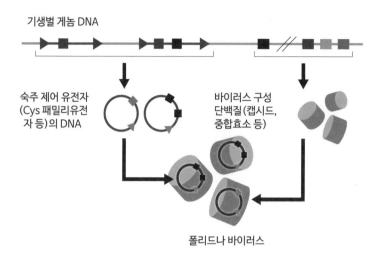

기생벌 게놈 DNA

숙주 제어 유전자
(Cys 패밀리유전
자 등)의 DNA

바이러스 구성
단백질(캡시드,
중합효소 등)

폴리드나 바이러스

그림 25 폴리드나 바이러스는 기생벌의 게놈 DNA에서 만들어진다

벌의 유전자만 받아들인 다음 숙주의 체내로 옮겨진다. 따라서 폴
리드나 바이러스는 숙주로 이동하면 증식도 하지 않고 다른 숙주
개체를 감염시키지도 않으며 숙주가 죽으면 그 자신도 자손 없이
사멸한다. 기생벌을 위해서 일하지만 자기 자손은 남기지 않는다.
왠지 자기희생적인 것 같기도 하고 겉보기에는 바이러스 같아도
전혀 바이러스답지 않은 행동을 한다.

폴리드나 바이러스는 정말로 바이러스일까? 혹시 기생벌이 자
신에게 필요한 단백질을 숙주 안에서 만들기 위해 고안한 분자 장
치에 불과한 건 아닐까? 이런 의문이 생기는 건 당연하며 실제로
오랫동안 논쟁거리이기도 했다. 하지만 베지에 연구진의 논문에

서 다수의 바이러스 관련 유전자가 규명되어 논쟁에 종지부를 찍었다. 규명된 유전자군의 배열 분석에서 이들이 대개 곤충을 감염시키는 DNA 바이러스의 일종인 누디 바이러스에서 유래한다는 사실이 밝혀졌다. 이는 폴리드나 바이러스의 입자를 만드는 단백질군이 곤충에서 유래한 분자 장치가 아니라 바이러스에서 유래한 것이 명백하다는 사실을 보여주었다.

폴리드나 바이러스의 기원이 된 누디 바이러스는 아마도 저 먼 옛날에 기생벌을 감염시켜 레트로 바이러스처럼 숙주(기생벌)의 게놈 DNA에 들어갔을 것이다. 일반적인 바이러스 감염이라면 게놈에 잠입한 바이러스 배열을 통해 입자 형성에 필요한 단백질을 발현하고, 감염 세포 내에서 다수의 자손 바이러스를 만들어 다른 개체로 감염 범위를 확대했을 것이다. 하지만 어떤 계기로 그렇게 되었는지는 불분명하지만 폴리드나 바이러스는 게놈에 잠입한 후, 생성한 바이러스 입자 안에 자신의 DNA를 넣지 않고 기생벌의 게놈 DNA 일부를 넣었다. 그리고 자기 자신은 전이인자처럼 세포 밖으로 나오지 않는 존재가 되어 숙주세포를 제어하기 위한 '분자 병기'로서 자신이 만든 입자를 기생벌에 제공하게 된 것이리라. 폴리드나 바이러스가 기생벌 게놈에서 살고 있는 형태를 근거로 판단해보건대, 이미 곤충의 '분자 병기'로서 기생벌 게놈에 녹아들었기 때문에 '독립된 바이러스'로 다시 부활하기는 어려워 보인다.

닭이 먼저인지 달걀이 먼저인지 곰곰이 생각해보면, '분자 병기'의 완성 전후로 숙주 체내에 기생하며 자식을 키우는 기생벌의 생존 전략이 탄생했을 것이다. 이렇게 생각하면 바이러스와의 공생, 아니 따지고 보면 바이러스 감염이 경이로운 교묘함을 동반한 새로운 곤충의 진화를 가속화했다는 결론이 나오는 걸까.

여담이지만 폴리드나 바이러스를 침략자(기생벌)가 조종하는 '악의 졸개'라고 한다면, 놀랍게도 이에 맞서는 '정의의 사도'라 할 만한 바이러스도 존재하기 때문에 마지막으로 이 둘을 같이 소개하려 한다. 그 주인공은 콩류에 사는 흡즙성 곤충인 완두수염진딧물이다. 이 진딧물에는 유명한 공생 세균인 부크네라(Buchnera)[16]가 살고 있다. 이와 더불어 하밀토넬라(Hamiltonella defensa)라는 공생 세균이 사는 경우도 있다. 기생벌이 진딧물에 알을 낳아도 하밀토넬라 균에서 분비하는 독소 때문에 기생벌 유충이 정상적으로 자라지 못하고 죽는다. 한마디로 하밀토넬라는 진딧물의 자손을 기생벌로부터 보호하는 '방위군'의 역할을 하는 공생 세균이다. 그런데 하밀토넬라가 생산한다고 여겨지던 독소가 사실은 하밀토넬라에 감염한 APSE(Acyrthosiphon Pisum Secondary Endosymbiont) 파

---

16) 부크네라: 진딧물의 공생 세균. 진딧물의 균세포라는 특수한 세포 안에 세포 내 공생을 하며 진딧물이 합성하지 못하는 아미노산을 공급한다.

지 바이러스가 가지고 있는 유전자의 산물이라는 놀라운 사실이 밝혀졌다. 하밀토넬라 중에는 기생벌에 대한 강한 저항성을 부여하는 것과 중간 정도의 저항성을 부여하는 두 종류가 있다고 알려져 있었다. 이것도 하밀토넬라에 감염한 APSE 파지의 종류가 다른 데서 기인한다. 진딧물을 기생벌로부터 보호하는 '정의의 아군'은 공생 세균 자체가 아니라 APSE 파지 바이러스이며, 하밀토넬라 내부에 있는 이 파지가 '방위군'의 역할을 한다는 사실이 알려진 것이다.

기생을 둘러싼 곤충끼리의 싸움에서 기생벌은 폴리드나 바이러스를 이용해 기생하려 하고, 숙주는 APSE 파지를 이용해 기생하려는 녀석을 격퇴하려 한다. 흡사 양 진영이 전투기의 미사일처럼 바이러스를 무기로 전쟁을 벌이는 양상이다. 양쪽 모두 언제 어떻게 '분자 병기'를 획득하고 전쟁에 활용하게 되었을까? 어떻게 바이러스가 '분자 병기'로 전락하는 진화가 진행된 것일까? 생명의 진화란 참으로 불가사의하다.

성 안토니우스의 불

다음 이야기로 넘어가보자. 질병의 원인을 알 수 없었던 중세 유럽에서 역병의 유행은 사회적 공포였고, 발병 원인을 놓고 수많은 유언비어가 횡행했다. 당시 공포의 대상이던 3대 역병은 페스트(흑사병), 한센병, 그리고 '성 안토니우스의 불'이라는 수수께끼의 질병이었다. '불의 병'에 걸리면 불에 타는 듯한 극심한 고통과 함께 손발 끝부분부터 괴사가 진행되다가 심해지면 손발이 썩어 문드러져 떨어지고, 최악의 경우에는 죽음에 이르렀다. 또한 이 병에 걸린 환자는 때때로 환각을 보는 등 정신 착란을 일으키는 경우가 있었다. 이런 이상 행동은 악령이 씌었기 때문이라고 여겨 때로는 '마녀사냥'의 대상이 되기도 했다. 10세기에는 이 병에 걸려 수만 명이 사망했다는 기록이 있다. 이 질병이 왜 그리스도교의 성인인 성 안토니우스의 이름으로 불리게 되었는지는 여러 가지 설이 있다. 성 안토니우스가 어렸을 적 이 병에 걸렸는데 극복하고 일어났다든가, 성 안토니우스가 수행할 때 경험한 것 이상으로 고통이 극심했기 때문이라든가, 프랑스의 성 안토니우스 수도원이 병을 치료하는 데 적극적이었기 때문이라는 등의 설이 전해져 온다.

물론 악령 때문에 병이 생긴 게 아니었다. 당시 사람들의 먹거

리였던 호밀 빵이 원인이었다. 일반적으로 식물은 광합성을 해서 자립하는 독립영양생물이라고 생각한다. 하지만 사실 거의 모든 식물이 진균과 어떤 상호 의존적 혹은 편리에 따라 공생 관계를 갖는다. 식물과 공생 관계를 이루는 진균의 대표적인 예로는 식물에 인산이나 수분을 공급하는 균근 균이 잘 알려져 있고, 그 밖에 내생식물[17]이라는 일군의 공생 균도 있다. 이 균들은 식물 내부에 잠복하는 특징이 있고, 주로 식물 지상부에 있는 세포간극이라는 세포와 세포 사이의 공간이나 물관 같은 통도조직 내부를 생활의 터전으로 삼아 살아간다.

그림 26 맥각균이 만드는 '악마의 손톱'이라 불리는 맥각(맥각 알칼로이드를 포함하는 균핵)

'성 안토니우스의 불'은 호밀의 내생식물인 맥각균이 생산하는 맥각알칼로이드라는 2차 대사산물[18]이 발병의 원인이었다 (그림 26). 이것이 호밀 빵에 섞여 들어가 중독을 일으킨 것이다. 강한 독성을 지닌 맥각알칼로이드는 동물의 신경계나 순환계에 영향을 주고, 사람이 섭취하면 혈관 수축을 일으켜 손발을 괴사시키거나 신경계에 작용해 정신착란 등의 증상을 일으킨다. 참고로 합성 마약으로 유명한 LSD는 맥각알칼로이드를 연구하는 과정에서 만들어진 유도체[19] 다. 숙주식물과 공생 관계에 있는 내생식물이 곤충이나 동물의 습격으로부터 숙주 식물을 지키기 위해 생산하는 물질이 맥각알칼로이드다. 이 밖에도 내생식물 중에는 식물의 성장을 촉진하거나 가뭄이나 병에 강한 성질을 증강시키는 등 숙주 식물에 다종다양한 혜택을 제공하는 것들이 있다. 이제부터 내생식물과 공생하는 바이러스를 살펴보자.

옐로스톤은 1872년에 세계 최초로 설립된 국립공원이다. 이곳에는 지표부터 8킬로미터 깊이까지 마그마가 채워져 있고, 그 열 때문에 생긴 간헐천이나 온천이 많은 것으로 유명하다. 사람의 손이 닿지 않은 자연이 풍부하게 남아 있는 데다 계곡과 화산 지대 특유의 풍경이 어우러져 신비로운 색채와 경관으로 가득한 아주 특별한 곳이다. 옐로스톤의 지열 지대에서는 항상 간헐천에서 열탕이 분출하기 때문에 지표면의 온도가 높아 생육하는 식물은 거의 눈에 띄지 않지만, 벼과에 속하는 기장의 일종(Dichanthelium lanuginosum)은 이런 환경에서 살아남을 수 있는 몇 안 되는 식물종 가운데 하나다. 식물이 도저히 자라기 어려운 65℃나 되는 지온에

---

17) 내생식물: 식물의 체내를 서식지로 삼는 세균과 진균의 총칭. 거의 모든 식물에 존재하며 주로 세포간극이라 불리는 세포와 세포 사이의 빈틈이나 물관, 체관 같은 통도조직에서 생활한다. 대부분이 식물과 공생 관계인 것으로 여겨진다.

18) 2차 대사산물: 대다수 생물의 공통된 생명 현상에 관여하고 생명 유지, 증식 등에 직접 관여하는 대사물질(핵산이나 아미노산 등)을 1차 대사산물이라 한다. 2차 대사산물은 생물이 생산하지만 1차 대사산물이 아닌 대사산물의 총칭이다. 2차 대사산물은 다종다양한데 대표적인 예로 색소, 항생 물질, 독소 등이 있다.

19) 유도체: 어떤 화합물에 산화, 환원, 기능기 도입 등의 처리를 하여 얻어진, 구조가 크게 바뀌지 않을 정도로 성질이 바뀐 화합물을 원래 화합물에 대해 유도체라 한다.

도 견디며 마르지 않고 성장한다고 알려져 있다. 65℃라면 단백질 일부가 응고하는 온도로 달걀이 익을 정도다. 도저히 고등 생물이 살 수 있는 온도가 아니다. 이토록 높은 온도에서 생존할 수 있게 하는 기관의 수수께끼가 2007년 〈사이언스〉 지에서 밝혀졌는데, 식물의 체내에 잠복해 있는 내생식물(Curvularia protuberata)과 관련이 있었다. 옐로스톤에 사는 벼과 식물은 이 내생식물이 체내에 공생할 때만 내열성을 발휘하고 그렇지 않을 때는 65℃라는 고온에 견디지 못하고 보통의 식물들처럼 전멸했다. 이처럼 내생식물이 숙주식물에 스트레스 저항성을 부여하는 현상은 이미 몇몇 사례가 알려져 있었다. 하지만 특별히 옐로스톤에 사는 벼과 식물이 흥미로웠던 이유는 내열성을 부여하는 이 내생식물을 감염시키는 바이러스 때문이었다. 숙주식물에 공생하는 내생식물은 CThTV(Curvularia Thermal Tolerance Virus)라고 이름 붙인 2중 가닥 RNA 바이러스를 보유하고 있었는데, 내생식물에서 바이러스를 제거하자 숙주식물은 고온에 견디지 못하고 말라버렸다.

내생식물이 바이러스에 감염되면서 숙주식물과의 공생 능력을 발휘하는, 바이러스와 진균과 식물 3자가 관계를 맺는 공생 현상임이 판명된 것이다. 얼마나 복잡한 이야기인가. 이러한 현상을 일으키는 상세한 원리는 아직 연구 중이지만 바이러스가 스트레스에 저항하는 내생식물의 유전자군이 활발하게 발현하도록 하고 내생식물 자체의 내열성에 기여한다는 사실을 보여준다.

그림 27 옐로스톤의 지열 지대

우리는 보통 바이러스 감염을 질병의 원인이라고만 생각한다. 하지만 CThTV 감염처럼 숙주에 모종의 도움을 주는 사례가 훨씬 더 일반적인 현상이라는 사실이 조금씩 밝혀지고 있다. 예를 들면 인간의 몸에 질병을 일으키는 병원체로서 꽤 익숙한 단어인 헤르페스 바이러스 역시 이런 작용을 한다. 헤르페스 바이러스에는 몇 가지 다른 바이러스종이 있다고 알려져 있다. 우리는 어렸을 적 엄마나 가족과 접촉하면서 그중 대부분에 감염되었고, 평생 그 상태로 몸 안에 바이러스를 지닌 채 살게 된다. 통상적으로 아무런 질병 증상도 나타나지 않고 바이러스에 감염된 건지 아닌지 잘 알 수 없는 잠복감염이라는 상태가 된다. 입술 헤르페스의 경우를 살펴보자. 피곤하거나 감기에 걸리는 등 신체의 면역력이 떨어졌을 때만 바이러스가 활발해져 입술이나 입 주변에 작은 물집이 생기는 증상이 나타나는데 평소에는 아무렇지도 않다. 이것이 전형적인 예다. 헤르페스 바이러스류는 척추동물이 등장하기 전부터 숙주 동물과 관계가 있었던 것으로 보인다. 아마도 인류가 탄생한 순간부터 오랜 세월을 함께 했을 것이다. 따라서 서로를 너무도 잘 알고 있기 때문에 바이러스도 인간이 난감해할 짓을 하지 않고 우리도 바이러스가 조용히 있는 한 특별한 '질병'에 걸리지 않는다. 물론 면역 기능이 심하게 떨어진 경우, 예를 들면 장기이식을 하게 되어 면역 억제제를 사용하거나 에이즈(후천성 면역결핍 증후군)에 감염된 경우 등에는 헤르페스 바이러스가 유발한 질병도 위험하다는 사실이 밝혀졌다. 오랜 친구라고 해도 긴장감을 늦출 수 없다는 점에서 흡사 결혼 생활과 비슷할지 모르겠다.

2007년 〈네이처〉 지에는 잠복 감염 중인 헤르페스 바이러스(쥐의 감마-헤르페스 바이러스68, 설치류의 사이토메갈로 바이러스)의 영향으로 쥐가 병원균인 리스테리아균과 페스트균의 감염에 강해졌다는 연구 결과가 실렸다. 바이러스의 잠복 감염으로 면역을 활성화하는 작용이 있는 인터페론[20] 생산이 증가하고 대식세포[21]가 전신에 걸쳐 활성화하는 등 자연면역이 향상된 것이다. 헤르페스 바이러스의 잠복 감염이 천연 백신처럼 작용했다고 생각할 수도 있다.

잠복 감염 중인 바이러스나 내재성 레트로 바이러스 등이 사실은 천연 백신 같은 역할을 한다는 예는 헤르페스 바이러스뿐만 아니라 다른 사례도 보고된 적이 있다. 예를 들면 쥐에게 백혈병이 생기게 한다고 해서 마우스 백혈병 바이러스라고 부르는 레트로 바이러스가 있다. 이 바이러스에 잘 감염되지 않는 종류의 쥐는 질병에 저항성을 지닌 Fv-1이나 Fv-4라는 유전자를 보유한다는 사실이 알려져 있었다. 이 유전자들의 기능을 분석하기 위해 정열적으로 연구가 진행되었고, 그 결과 밝혀진 것은 놀랍게도 Fv-1과 Fv-4 모두 유전자의 기원이 레트로 바이러스라는 사실이었다. Fv-1은 약간 먼 친척인 레트로 바이러스의 gaa 유전자이고, Fv-4는 좀 더 가까운 바이러스인 env 유전자였다(69쪽 그림 16 참조).

헤르페스 바이러스의 경우는 바이러스 감염이 천연 백신처럼 작용해 숙주의 면역을 활성화시킨다는 비교적 단순한 얘기였지만, Fv-1이나 Fv-4는 조금 더 바이러스의 유전자다운 역할을 한다. 예를 들어 Fv-4는 원래 env인데, env는 감염 가능한 세포의 표면에 있는 '수용기'에 결합해 감염을 돕는 역할을 한다(59쪽 그림 12 참조). Fv-4에서 만들어지는 'env' 단백질은 질병을 일으키는 백혈병 바이러스의 env와 경쟁해서 바이러스가 이용할 수 있는 '수용기'

20) 인터페론: 병원체(특히 바이러스) 감염 등에 반응하여 동물세포가 생산하는 단백질의 일종. 바이러스 증식을 억제하는 작용을 하며 대식세포나 자연살생세포 등 다른 면역 세포를 활성화시킨다.

21) 대식세포: 면역 세포의 일종이며 생체 내에서 아메바처럼 운동하는 유주성 식세포. 체내에 침입한 이물이나 자신의 사멸세포 등을 포식한다.

를 빼앗아 감염을 방해했다. 또한 Fv-1은 원래 바이러스의 캡시드를 만드는 gag 단백질인데 이것이 감염하려 하는 백혈병 바이러스의 gag 단백질에 작용해 세포 내의 작용을 방해하고 있었다. 둘 다 원래 가지고 있던 레트로 바이러스의 유전자 기능을 살려 새로운 바이러스에 감염되는 것을 방해한다는 사실이 흥미롭다.

Fv-1이나 Fv-4를 쥐의 게놈에 제공한 레트로 바이러스들은 과거에는 쥐에 감염하는 바이러스로서 찾아왔을 것이다. 하지만 감염될 때 내재화해서 숙주 게놈과 일체가 되고, 지금은 새로운 바이러스를 막는 보호자로 활약한다. 이 역시 일종의 공생 관계라고 할 수 있을 것이다. 〈드래곤볼〉 같은 일본 애니메이션에서도 처음에는 적이었던 상대가 하나둘 같은 편이 되어가는 이야기는 흔히 접할 수 있는데, Fv-1과 Fv-4도 '어제의 적이 오늘의 동지'라는 말을 몸소 실천하는 사례다.

제4장

성당과 시장

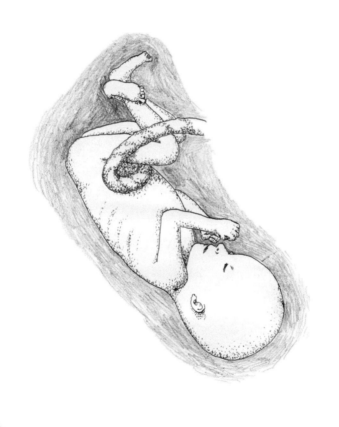

성당과 시장

'성당과 시장(The Cathedral and the Bazaar)'은 컴퓨터 소프트웨어의 개발 방식을 비교하면서 생겨난 개념으로 1999년 에릭 레이먼드(Eric Raymond)가 처음 사용했다. 여기서 성당은 질서 있게 배치된 사원이나 교회 건물들처럼 대기업이 주도해서 소프트웨어를 체계적으로 개발하는 윈도우OS 같은 방식을 말한다. 시장은 중심 기업이 없고 부품 역할을 할 소프트웨어를 여러 기술자가 각자 가지고 모여 시스템을 만들어가는 개방형 구조인 리눅스OS 같은 방식을 뜻한다.

생물이라는 시스템은 '성당과 시장' 중 어느 방식으로 만들어져 왔을까? 성당이라면 무엇이 주도적인 역할을 해왔을까? 시장이라면 운에 맡기는 방식으로 생물이 갖는 교묘하고 복잡한 시스템이 제대로 성립할 수 있을까? 그리 간단히 답할 수 있는 문제는 아니겠지만 적어도 생명 진화의 일부는 분명히 시장의 형태로 일어나고 있으며, 나는 생명의 본질이 시장 쪽에 가깝다고 생각한다. 이 장에서는 바이러스와 숙주의 진화 관계에 초점을 맞추려고 한다. 특히 시장형 진화에서 바이러스와 바이러스 관련 인자가 관여하는 몇몇 예를 소개하겠다.

태반 형성

첫 번째 얘기는 책의 도입부에서 소개했던 신사이틴이다. 흥미롭게도 레트로 바이러스와 RNA유래 전이인자에서 나온다고 추정되는 소의 유전자 Fematrin-1이나 Peg10과 Rtl1 같은 쥐의 유전자도 신사이틴과 다른 형태로 포유동물의 태반 형성에 깊이 관여한다는 사실이 보고된 바 있다. 분명 포유동물의 태반형성과 레트로인자가 특별한 관계를 갖는다고 알려져 있지만 여기서는 가장 유명한 신사이틴을 집중적으로 다루겠다.

도입부에서 말했지만 신사이틴은 모체 면역계의 공격에서 태

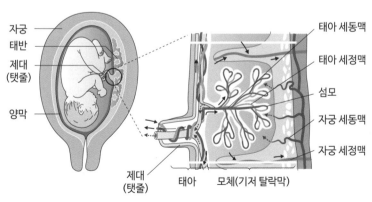

그림 28 태아와 태반

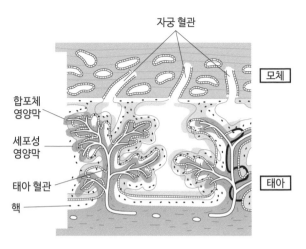

자궁 혈관

모체

합포체
영양막

세포성
영양막

태아 혈관

핵

태아

그림 29 세포의 융합으로 생성되는 합포체 영양막

아를 보호하는 합포체 영양막의 형성에 중요한 역할을 한다. 도대체 합포체 영양막은 원래 무엇이었을까? 109쪽 그림 28의 태아와 자궁의 관계 모식도를 보자. 자궁 안의 태아는 양막에 싸여 있고 흔히 말하는 탯줄로 엄마의 태반에 연결되어 있다. 탯줄의 끝은 식물 뿌리처럼 갈래갈래 갈라진 섬모라는 조직으로 되어 있다. 비유해서 말하자면 태아의 뿌리가 엄마라는 '대지', 즉 태반(기저 탈락막)에 뿌리를 내려 엄마와 태아가 이어져 있다. 그리고 엄마와 아이를 이어주는 최전선인 '뿌리'에 해당하는 섬모의 표면을 덮는 것이 합포체 영양막이다(그림 29).

이 구조를 막이라고 부르지만 엄밀하게 말해서 단순한 막이 아니라 수많은 세포가 치밀하게 연결되어 세포융합을 반복하며 만들어진 하나의 거대한 세포층이라고 할 수 있다. 이 '층'에는 세포융합을 한 수많은 세포들의 핵이 남아 있어 하나의 거대한 세포에 다수의 핵이 존재하는 모양새를 하고 있다(그림 29). 합포체 영양막은 적어도 두 가지 역할을 한다고 볼 수 있다. 하나는 물리적인 세포 형상의 변화에 따른 방어이고, 다른 하나는 면역 억제 작용이다.

백혈구가 혈관 벽을 빠져나가 생체 조직으로 들어가는 것처럼 혈구 세포 중에는 세포와 세포 사이의 틈을 통과하는 능력이 탁월한 것이 많다. 하지만 합포체 영양막은 세포와 세포 사이에 틈이 없는 한 덩어리의 거대한 바위와 같아서 빠져나가는 능력이 탁월한 면역 세포라도 태아 쪽으로 쉽게 침투하지 못하게 한다. 이 경우에 중요한 것은 세포와 세포를 연결하는 세포

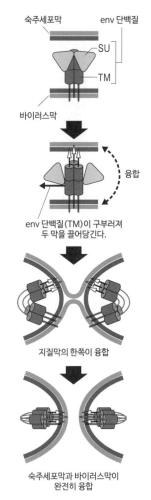

그림 30 env 단백질에 의한 숙주세포막과 바이러스 피막의 융합
출처: 미야우치(2009). 일부 변경

111

융합을 일으키는 일이며, 면역 세포가 자궁 혈관에서 태아 쪽으로 침입하는 것을 방지한다고 볼 수 있다. 그렇다면 이를 가능하게 하는 신사이틴이란 어떤 단백질일까?

신사이틴은 레트로 바이러스에 있는 env라는 유전자에 기원을 두고 있다. env는 지금까지 여러 차례 언급했는데, 바이러스 입자의 피막이라는 지질막 구조에 꽂혀 있는 모양의 단백질이다. 바이러스는 감염 목표가 되는 세포의 세포막과 피막을 융합시켜 세포 안으로 침입하는데(59쪽 그림 12 참조), 이를 가능하게 하는 것이 env 단백질이다. 그림 30은 레트로 바이러스가 숙주세포에 침입할 때 env 단백질이 어떻게 작용하는지 보여준다. 레트로 바이러스의 env 단백질은 SU와 TM이라는 두 개의 '부품'(서브 유닛)으로 이루어져 있다. 그 중 TM이 바이러스 피막과 숙주 세포막이라는 두 개의 막을 융합시키는 가교 역할을 한다는 사실을 알 수 있다. 바이러스의 피막은 원래 숙주세포의 세포막이고, 여기서 일어나는 일은 실질적으로 두 세포막의 융합이다.

지금까지 설명으로 어느 정도 이해할 수 있을 거라 생각한다. 신사이틴이 세포융합을 일으켜 합포체 영양막을 만들 수 있는 것은 기원이 되는 레트로 바이러스의 env 단백질 자체가 이런 식으로 세포막을 융합하는 기능을 지니고 있었기 때문이다.

인류의 선조는 바이러스가 감염을 시키기 위해 만들어온 단백질의 기능을 영리하게 이용해 합포체 영양막을 만들게 된 것이리

라. 컴퓨터 소프트웨어에 비유하자면 바이러스가 어떤 기능을 하는 모듈을 만들었고, 감염을 통해 그것을 숙주의 게놈으로 옮겼다. 숙주 게놈이라는 거대한 OS는 운반되어 온 모듈을 자신의 시스템에 도입해서 새로운 플러그인을 실행할 수 있도록 기능을 갱신한 것이다. 바이러스가 숙주의 진화에 도움이 되는 유용한 모듈을 제공함으로써 생물의 하나의 '형태'가 정해졌다. 이것은 바이러스와 인간이 '일체화'한 사례라고 할 수 있다. 다음으로 전이인자가 관여한 '진화'의 예를 살펴보자.

V(D)J 재구성

전이인자는 현재 일반적으로 바이러스의 일부로 인정되지 않지만, 2장에서 말한 것처럼 바이러스와의 경계가 상당히 애매하기 때문에 여기서는 관련 인자로 다루려고 한다. 이야기의 주제는 획득면역이다. 사람을 포함한 척추동물(정확하게는 유악류[有顎類, 턱뼈가 있는 척추동물−옮긴이])은 병원균 등의 침입에 대항해 다른 생물에서는 관찰할 수 없는 획득면역이라는 강력한 방어 체계를 갖추고 있다. 획득면역 체계를 갖춘 생물은 일단 어떤 병원균에 감염되면 항체라는 단백질 분자를 이용해 병원체의 분자 패턴을 기록하고, 다음에 같은 병원균에 감염되면 재빨리 강력한 저항성을 발휘하는 특징이 있다. 이 체계에서 중요한 역할을 담당하는 것은 적을 선별해서 발견해내는 항체라는 단백질 분자다.

척추동물은 자연계에 무수히 존재하는 병원균이나 물질에 대항하는 '특이적'인 항체를 어떻게 만들어낼까? 이는 과거 생물학 분야에서 커다란 수수께끼였다. 병원미생물이라고 말하기는 쉬워도 바이러스, 세균, 진균, 원생동물 등 미생물은 종류가 다양하고, 세균 하나만 보더라도 수만에서 수십만에 이르는 다양한 종이 있다고 알려졌다. 또한 인플루엔자 바이러스라는 병원체 하나만 보더라도 A형, B형 등이 있으며 A형, B형 모두 계절마다 병원형이 각각 다른 바이러스가 출현한다. 항체는 이런 작은 차이도 정확히 인식하고 선별해서 결합하는 것들이 생성된다. 일설에 따르면 사람이 만들 수 있는 항체는 100억 가지가 넘는다고 한다. 그런데 인간 게놈에 있는 유전자의 수는 2만여 개 정도밖에 되지 않는다. 하나의 유전자에서 하나의 항체가 만들어진다고 하면 아무리 생각해도 숫자가 맞지 않는다. 도대체 어떻게 된 것일까?

이 수수께끼를 푼 인물이 1987년에 노벨 생리의학상을 수상한 도네가와 스스무(利根川進)였다. 그는 제어된 유전자 배열의 재구성이 항체 분자에서 '가변부'라고 부르는 영역이 만들어지는 과정에 관여한다는 사실을 발견했다. 항체 분자의 '가변부'를 자세

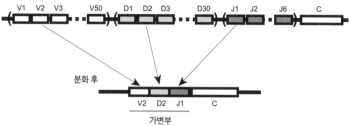

그림 31 V(D)J 재구성에 따른 항체 분자의 생성기구
V, D, J의 각 영역에 반복해서 존재하는 배열로부터 하나씩 무작위로 선택해 결합함으로써 다양한 항체 분자가 가능하다.

히 살펴보면 V영역, D영역, J영역 등 세 가지 영역이 연결된 형태를 하고 있다(그림 31). 하지만 재미있게도 난자와 정자가 결합한 '갓 태어난' 수정란과 수정란에서 발생하는 분화 초기의 세포들이 지닌 유전자 배열은 V영역, D영역, J영역이 하나씩 결합된 형태가 아니라 조금씩 배열이 다른 V영역이 약 50개, D영역이 약 30개, 그리고 J영역이 약 6개씩 반복 배열된 형태다. 이것이 특정 항체를 만드는 B세포로 발생하고, 성숙하면서 V, D, J 각 영역에서도 하나씩 반복 배열로부터 각각 한 개씩 무작위로 선택되어 이것들이 결합한 가변영역의 유전자가 완성된다(그림 31).

이 현상을 이렇게 비유해보자. 당신은 티셔츠 50개, 바지 30개, 그리고 모자 6개를 가지고 있다. 당신은 매일 이 중에서 티셔츠 한 개, 바지 한 개, 그리고 모자 한 개를 골라 외출한다. 티셔츠

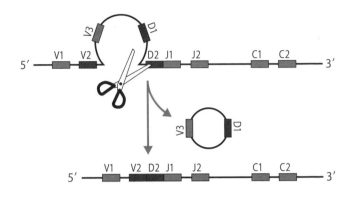

그림 32 V(D)J 재조합 과정에서 일어나는 DNA 절제 원리
출처: Marek Mazurkiewicz (Wikimedia Commons)

와 바지와 모자의 조합으로 상당히 다양한 코디네이션을 즐길 수 있을 것이다. 이것이 바로 항체의 다양성을 낳는 체계이며, V(D)J 재조합이라고 한다. 사람의 체내에서 생산되는 항체 조합의 대부분을 V(D)J 재조합만으로 설명할 수는 없지만 이 체계가 다양성에 큰 공헌을 한다는 사실만큼은 틀림없다.

V(D)J 재조합이 일어나는 과정을 모식도로 나타낸 그림 32를 자세히 보자. 여기서는 이미 D영역에서 D2가, J영역에서 J1이, V영역에서 V2가 선택되어 결합하는 프로세스(최종적으로는 V2-D2-J1 조합이 된다)를 볼 수 있다. V2와 D2가 직접 밀착하는 과정에서 V3나 D1을 포함한 DNA 배열이 방해가 되는데, 이것을 제거하는 과정이 그림으로 나타나 있다. 그런데 전에 어딘가에서 이와 같은

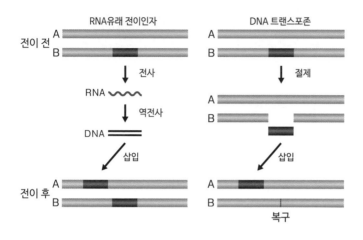

그림 14(재수록) 전이인자의 두 가지 전이 양식
둘 다 염색체 B의 DNA 배열이 염색체 A로 전이했다

DNA 오려 붙이기 반응을 본 기억이 나지 않는가?

그렇다. 2장의 그림 14에 있는 DNA 전이인자의 전이 과정이다. 전이인자의 경우는 어떤 영역에서 빠져나온(제거된) DNA 배열이 다시 게놈 어딘가의 영역으로 삽입되어 전이가 완료된다. 전이 과정의 염색체를 자세히 보면 DNA의 일부 영역이 잘려나가고, 그 빈자리의 양 끝 배열이 결합해서 이음새가 복원되어 있다. 이는 V(D)J 재조합에서 일어나는 DNA상의 반응과 기본적으로 같다.

V(D)J 재조합에서 DNA 배열을 절제(잘라내기)하는 것은 RAG1 및 RAG2라는 효소다. 예전부터 전이인자의 전이를 촉매하는 전이효소와 RAG1이 유전자 배열에서 유사성이 있다는 사실은 여러

번 지적된 바 있지만, 2005년에 이루어진 유사성의 분자 계통 분석에서 RAG1이 Transib라는 한 무리의 전이인자에 기원을 둔다는 결론을 내렸다. 또한 아주 최근에 RAG2도 같은 그룹의 전이인자에서 유래한다는 사실이 밝혀졌다. 이것은 병원체에 대항하는 척추동물의 방어 전략인 획득면역의 주역이라고 할 수 있는 기관의 심장부가 다름 아닌 전이인자에서 유래한 '모듈'이었음을 의미한다.

Transib로 분류되는 전이인자는 초파리과나 성게 같은 무척추동물을 포함한 광범위한 생물종에서 발견되며 진화적인 기원은 획득면역보다 오래된 것으로 보인다. 척추동물 게놈에 Transib가 언제 들어왔는지는 분명하지 않지만 유악류(有顎類)의 출현 전후에 이미 존재했고, RAG 단백질로 전용되었을 것이다.

획득면역이나 태반 형성은 포유동물 진화에서 아주 중요하고 극적인 변화였고, 전이인자나 바이러스에서 유래한 유전자를 사용한다는 사실은 놀라움 그 자체다. 무척추동물의 게놈에도 Transib나 유사한 레트로 바이러스가 있기 때문에 그것을 유효하게 이용했다는 사실이 이런 차이를 만들었다고 할 수 있다. 그런 의미로 생물 진화에서 바이러스 관련 인자의 역할을 평가하는 것은 신중해야 한다. 하지만 한편으로 그들 없이 진화를 생각할 수 없다는 것 또한 사실이다.

유전자 제어 모듈

인간의 게놈 지도가 완성된 지 10년 이상 지났으니 새삼스러울 것도 없지만 인간 게놈 프로젝트의 놀라운 성과 중 하나는 게놈 내에서 '유전자'가 차지하는 영역이 약 1.5%로 아주 적다는 사실이었다. 이에 비해 바이러스나 전이인자 등은 인간 게놈에서 증식을 거듭해 약 45%나 되는 영역을 차지한다는 사실도 동시에 밝혀졌다. 결과만 놓고 보면 인간의 게놈이 도대체 누구 것인가 싶은 생각이 든다.

게놈을 휘젓고 다니며 여기저기 퍼져 있는 바이러스와 전이인자의 배열은 대부분 이미 감염된 게놈에서 전이하는 기능을 상실해 인자로 활성화한 상태라서 게놈의 폐기물 같은 존재, 즉 '정크(쓸모없는) DNA'이며 아무런 도움도 주지 못한다고 여겨져 왔다. 하지만 최근 이런 생각을 뒤집는 발견이 잇따르고 있다.

바로 유전자 발현을 억제하는 배열, 즉 유전자를 켜거나 끄는 스위치이거나 양을 조절하는 볼륨 스위치 같은 배열로서의 역할을 찾아낸 것이다. 유전자 발현의 첫 단추인 DNA에서 RNA로 전이하는 데 필요한 유전자 배열(전사 개시 부위)을 예로 들 수 있다(그림 33). 최근 사람이나 쥐와 같은 포유동물에서 발현되는 다양한 RNA의 전사 개시 부위를 종합적으로 조사했다. 그 결과 놀랍게도 포유동물에서 발현하는 RNA의 18%나 되는 부분이 전이인자에서 유래한 배열을 이용해 전사를 개시하는 것으로 밝혀졌다. 즉, 인간의 DNA에서 생성하는 RNA의 약 20%가 전이인자를 이용해 발현하는 것이다. 인간의 유전자에 전이 개시 지점을 제공한 전이인자는 대부분 인자로서의 활성을 이미 잃은 상태인데, 인자가 갖는 배열(스위치) 자체는 그 기능을 잃지 않고 이용되었던 것이다.

또한, 전이인자는 증폭자라고 부르는 전이의 양에 영향을 주는 배열, 즉 볼륨 스위치 같은 배열을 갖는 경우도 있다고 알려져 있다(그림 33). 최근 전이인자가 갖는 증폭자가 포유류의 신경이나 뇌의 형성에 중요한 역할을 한다는 흥미로운 사실도 보고되었다. 포유류는 다른 생물과 비교하면 상당히 발달한 중추신경계를 가지고 있다. 특히 사람을 포함한 영장류는 대뇌가 상당히 발달했으며, 이것이 종으로서의 가장 큰 특징이 되는 형질이다. 포유류의 진화에 전이인자가 큰 공헌을 해왔을 가능성이 또 하나 명백해지는 것이다.

이 놀라운 발견은 '비코드 보존 영역'[22] 연구에서 시작되었다. 다양한 생물의 게놈 DNA 배열을 자세히 보면 단백질을 만들기 위한 것도 아닌데 진화적으로 강력히 보존되고 있는 DNA 배열을 발

---

22) 비코드 영역: 게놈 배열 안에서 단백질을 만드는 유전자 배열 이외의 부분을 가리킨다. 사람 같은 고등 생물은 이 비코드 영역이 게놈의 대부분을 차지한다고 알려져 있다.

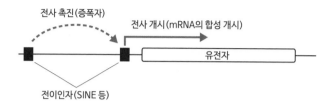

그림 33 유전자 제어 모듈로서의 전이인자의 역할

견하는 경우가 있다. 진화적으로 잘 보존된 비코드 영역은 생물에게 중요한 역할을 하기 때문에 남아 있다고 생각하는 게 자연스럽다. 그런 영역에서 두 개의 전이인자(LFSINE와 AmnSINE1)에서 유래하는 중요한 증폭자가 발견되었다.

LFSINE와 AmnSINE1에서 유래하는 '볼륨 스위치'가 발현량을 제어하는 유전자에는 ISL1 및 FGF8이 있다. 흥미롭게도 두 유전자는 모두 신경계의 발생에 중요한 역할을 한다고 알려져 있다. ISL1은 배아가 발생할 때 신경 형성, 특히 운동신경의 정상적인 형성에 중요한 역할을 한다. FGF8은 중뇌와 후뇌의 경계를 형성하고 아마도 이후의 뇌 형성에 영향을 줄 것이라 추측하고 있다. 고등동물의 다양한 발생 단계에서 ISL1이나 FGF8은 모두 적절한 시기에 적절한 장소에서 발현되고, 그것이 정상적인 신경조직이나 뇌의 발달에 기여한다고 여겨지는데 그런 미묘한 유전자의 발현 패턴에 전이인자에서 유래한 증폭자가 기여했던 것이다. 이처럼 우연히 날아 들어온 전이인자에 기원을 두는 배열에서 인간의 지성을 관장하는 뇌가 발생했다면 그야말로 경이로운 일이 아닐 수 없다.

신사이틴의 예에서도 그랬듯이 인류의 조상이 특정 바이러스에 감염된 것은 단순한 우연에 지나지 않았다. 방금 소개한 ISL1과 FGF8을 제어할 수 있는 위치에 전이인자가 찾아온 것 역시 우연이라 생각하는 게 타당하다. 포유류의 진화를 '그렇게 되는 게 당연한 것'으로 만들기 위해 정교하게 계획된 디자인에 기초해 전이나 감염이 일어났다고 생각할 수는 없다. 시장에 도입된 유용한 콘텐츠가 우연히 거기에 있었기 때문에 그것을 이용한 진화가 진행된 것이다.

생물이 갖는 이런 높은 가소성을 보면 생물이나 생물의 근본이 되는 생물 게놈이라는 정보 시스템은 결코 자기 완결형이 아니라 외부에서 들어온 타자의 자원을 무엇이든 유용하게 이용할 수 있는 개방형 구조임을 절실히 느낀다. 에필로그에서 다루겠지만 생물은 원래의 것으로서의 '자기'와 '타자'의 구별이 애매한 시스템이라고 할 수 있다. 바이러스나 전이인자, 혹은 플라스미드 같은 염색체 외의 가동성 인자들은 생물 시스템 안에서 생각지도 못할 것을 게놈에 끌어들여 더욱 선명하고 활기차고 복잡한 시장을 연출한다. 염기 서열의 돌연변이와 자연선택에 의한 착실한 유전자 변경에 비하면 그들이 진화라는 시장에 끌어들인 것은 이미 어떤 기능을 갖춘 '상품'이며 그런 의미에서 큰 영향력을 갖는다. 지금부터는 '시장형 진화'의 주역들의 진가가 드러나는 '업적'에 대해 알아보자.

하늘을 날고 바다를 헤엄치는 유전자

포드 둘리틀(Ford Doolittle)은 1999년 〈사이언스〉 지에 생명 진화의 역사를 그린 너무도 유명한 '생명의 나무'를 발표한다(124쪽 그림 34). 지금까지 생명 진화는 단일 선조가 있고 거기서 나무가 수직으로 자라고, 가지를 뻗듯 갈라지는 진화가 진행되었다는 나무형 모델이 일반적이었다. 하지만 둘리틀이 제시한 '생명의 나무'는 수평으로 뻗은 많은 선이 있는, '나무'라기보다는 '그물' 같은 형상이었다. 2011년 포파(Ovidiu Popa)와 다간(Tal Dagan)이 발표한 '생명의 나무'에서는 그 형상이 3차원화되어 한층 뒤얽히고 복잡한 '그물'이 되었다(그림 34). 그런데 가로 방향 선들은 무엇 때문에 그려진 걸까?

가로선은 '수평이동'이라는 유전자의 움직임을 나타낸 것이다. 통상적으로 유전자는 부모로부터 자식에게 전해지며, 시간의 흐름을 따라 '수직' 방향으로 유전자가 이동한다. 하지만 유전자는

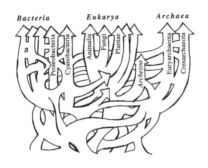

그림 34 둘리틀(1999, 왼쪽) 및 포파와 다간(2011, 오른쪽)의 '생명의 나무'

때때로 동시대에 존재하는 다른 종의 생물들 사이에서 교환되기도 한다. 시간의 흐름으로 보면 '수평'으로 간주되며 유전자의 '수평이동'이라고 부른다. 과거에는 수평이동이 지극히 예외적이라고 여겨졌지만 많은 생물의 게놈 배열을 해독한 결과, 원핵생물에서는 이전까지 알려진 것보다 훨씬 더 빈번히 이런 현상이 나타난다는 것이 밝혀졌다.

2005년에는 일본 국립유전자학연구소 소속의 한 연구진이 원핵생물 116종의 게놈 배열을 모두 사용해 수평이동 유전자를 종합적으로 조사한 결과, 놀랍게도 평균 14%, 가장 많은 종은 26%에 달하는 유전자를 수평이동으로 획득했다고 추정했다. 대상 샘플의 규모로 보건대 원핵생물의 세계에서는 적어도 유전자의 10% 이상은 부모가 아닌 지나가던 '타인'에게서 받는 게 '상식'인 것 같다.

유전자의 수평이동은 도대체 어떻게 일어나는 것일까? 아직 명확하게 밝혀졌다고 할 수는 없지만 지금까지 나온 결과들을 종합해보면 이 책의 주인공인 바이러스(파지)가 관여하는 부분이 적지 않다는 것은 의심의 여지가 없다. 하나의 예로 예전에 사회문제가 되기도 했던 장내 출혈성 대장균인 O157의 경우를 소개해 보자. 대장균은 사람을 포함한 포유류나 조류 등의 장 속에 서식하는 토착 세균이며 대부분은 무해하고 병원성이 없다. 하지만 O157 계통의 대장균은 출혈성 대장염의 원인이 되고 때로는 급성 뇌증 같은 생사와 직결된 위중한 합병증을 일으킨다. 평소에는 얌전한 대장균이 어떻게 이토록 위험한 균으로 변하는 걸까? 이 수수께끼를 풀기 위해 2001년에 두 계통의 O157 대장균의 모든 염기 배열을 살펴보는 작업이 이루어졌다. 그 결과 무해한 대장균과 비교했을 때 O157 계통은 게놈 배열이 약 20%나 늘어나 있다는 사실을 알게 되었다. 늘어난 유전자의 대부분은 다른 균에서 수평이동을 했다고 추정되는 것들이며 출혈성 대장염을 일으키는 주요 원인인 베로독소(verotoxin) 유전자가 포함되어 있었다.

O157 계통이 갖는 베로독소에는 두 종류가 있다. 각각 베로독소1과 베로독소2라고 부른다. 베로독소1은 설사균(시겔라소네이균)이 생산하는 Shiga독소와 동일한 것이다. O157 계통 게놈에 있는 Shiga독소(베로독소1)의 생산 유전자를 조사했는데, 흥미로웠던 것은 독소를 발현하기 위한 유전자 배열이 대장균의 게놈에 침입해 있는 λ(람다)파지라는 바이러스 안에 있었다는 점이다. 즉, 이 독

소 유전자는 먼 옛날 설사균인지 아닌지 확실하지 않지만 λ파지가 어떤 균에 감염했을 때 바이러스 배열에 획득한 것이며, 그 형태 그대로 감염을 통해 대장균으로 운반된 것으로 추정되었다(그림 35). 더욱 놀라운 것은 베로독소2의 생산 유전자 역시 다른 파지 안에 있었으며, 두 유전자가 모두 바이러스를 매개로 O157 계통의 대장균으로 이동했다고 판단하게 되었다.

안데르센 동화 중에 〈눈의 여왕〉이라는 이야기가 있다. 주인공 게르다는 언제나 사이가 좋았던 친구 카이가 눈에 '악마의 거울' 조각이 박힌 뒤로 갑자기 부정적인 아이가 되자 슬퍼한다. 사람들과 사이가 좋았던 대장균에 박힌 악마의 거울 조각은 독이 있는 유전자를 내포한 파지였고, 위험한 병원균으로 변했던 것이다.

O157 계통의 대장균뿐 아니라 디프테리아균의 디프테리아 독소, 보툴리누스균의 보툴리누스 독소, 콜레라균의 콜레라 독소 등 다수의 병원성 세균의 독소 합성 유전자도 바이러스(파지)가 운반했다고 추정한다. 이 밖에도 파지가 항생물질에 내성을 가진 유전자를 들여옴으로써 숙주가 내성화하는 예가 있으며, 바이러스 감염이 세균의 성질을 크게 바꾼 것으로 보이는 사례들이 있다.

이번에는 바다로 가보자. 광합성을 하는 생물이라고 하면 초록색 풀과 나무가 떠오를 테지만 사실은 땅 위의 모든 육상식물의 광합성 총량과 비슷한 대량의 광합성이 바다에서도 이루어지고

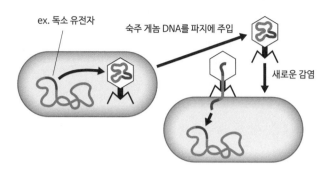

그림 35 파지 감염에 따른 유전자 수평이동 모식도

있다. 해양에서 이루어지는 막대한 광합성을 담당하는 주역 중 하나가 남세균이라는 원핵생물이다. 린 마굴리스(Lynn Margulis)는 세포 내 공생설에서 식물이 지니고 있는 엽록체의 선조가 남세균이라고 주장한다. 남세균에 감염하는 바이러스 중에 시아노파지라는 한 무리의 DNA 바이러스가 있다. 시아노파지가 흥미로운 점은 자신의 바이러스 게놈에 다양한 숙주의 유전자를 받아들이고, 그 유전자들은 숙주에 있을 때와 달리 바이러스 안에서 별도의 독자적인 변화를 이루고 있다는 사실이다. 그중에서도 백미는 광합성 관련 유전자다. 바이러스가 다양한 광합성 유전자를 가지고 있다니 놀라운 일이다. 하지만 바이러스 자신은 에너지를 만들 수 없는 존재고 광합성이 가능할 리가 없다. 그렇다면 무엇을 위해 그런 유전자를 가지고 있는 걸까?

파지가 활발한 증식을 하기 위해서는 숙주세포가 충분한 에너지를 가져야 한다. 하지만 파지에 감염되면 숙주의 광합성 관련 유전자의 발현이 저하되어 파지가 이용할 수 있는 광합성을 토대로 하는 자원도 사라져버린다. 여기서 파지가 가지고 있는 광합성 관련 유전자가 도움이 되는 것이다. 이 유전자가 감염 세포에서 활발히 발현함으로써 숙주의 유전자를 대체하고 실제로 숙주세포에서 광합성 능력이 낮아지지 않도록 작용한다고 알려져 있다.

이 자체도 바이러스의 감염 전략으로 재미있는 얘기지만, 진화적으로 더욱 중요한 것은 시아노파지가 가지고 있는 광합성 관련 유전자가 남세균 같은 해양 광합성 생물의 진화에 도움이 되었다는 사실이다. 그중 하나가 수평이동이다. 파지를 매개로 광합성 관련 유전자가 다른 박테리아종으로 이동했다고 판단할 수 있는 사례가 발견되고 있다.

다른 하나는 좀 더 복잡하다. 앞서 설명한 것처럼 시아노파지에 있는 광합성 관련 유전자는 숙주에서 획득한 다음 파지 안에서 독자적인 변화를 이루었다. 숙주의 유전자와 배열은 유사하지만 그 자체는 아닌 것이다. 최근 파지에 있는 광합성 유전자와 숙주 게놈에 있는 광합성 유전자 사이에서 유전자 배열의 재조합이 일어나고 있다는 사실을 보여주는 데이터가 확보되었다. 즉 광합성 세균의 광합성 유전자가 바이러스의 유전자와 부분적으로 뒤섞인 키메라가 되어 유전자 진화가 가속되었다는 것이다. 바이러스가 숙주 유전자를 가지고 있는 예가 드문 것은 아니지만 새로운 진화적 의의를 보여주는 흥미로운 사례라고 할 수 있다.

2005년 커티스 셔틀(Curtis A. Suttle)이 〈네이처〉 지에 〈바다의 바이러스들(Viruses in the sea)〉이라는 유명한 논문을 발표했는데 바다에 엄청난 수의 바이러스가 있다는 내용이었다. 그는 논문에서 해안가에는 해수 1밀리리터당 1억 개, 심해에서는 300만 개의 바이러스가 있다고 추정했다. 이를 바탕으로 바다 전체의 바이러스 양을 계산하면 무게는 북방흑고래 7,500만 마리, 모두 일렬로 세우면 길이가 1,000만 광년에 달한다고 하니 평범한 사람의 상상력을 뛰어넘는 규모라고 할 수 있다. 이런 방대한 수의 바이러스에서는 적게 어림잡아도 연간 1,024개의 유전자가 세균을 중심으로 한 숙주 생물로 이동한다.

물론 대부분은 단순히 파지 자신이 숙주 게놈에 침입하는 것이겠지만, 숙주에서 유전자를 꺼내온 바이러스도 있고, 그에 따른 유전자의 수평이동이나 셔플링 같은 다양한 현상이 일어난다는 것을 쉽게 예상할 수 있다. 해양 생태계에서 파지를 주축으로 한 바이러스들은 각종 생물 사이에서 유전자를 뒤섞는 역할을 하는 것처럼 보인다. 이와 관련한 사례를 하나 더 소개하겠다.

유전자를 운반하는 '세포소기관'?

생물의 세포에는 '세포소기관'이 있다. 예를 들면 핵이나 미토콘드리아, 엽록체 같은 것들이다. 핵은 DNA가 들어있고 유전 정보를 자손에 전하는 역할을 하며, 미토콘드리아는 세포의 에너지 공장으로서 ATP라는 에너지 물질을 생산하고, 엽록체는 광합성을 한다. 이처럼 고유의 역할을 하는 여러 세포소기관이 하나의 세포를 구성한다.

약 30년 전에 바이러스가 세포에서 세포로 유전자를 수평이동하게 하는 '세포소기관'이라는 '바이러스 진화설'을 주장한 사람이 있었다. 진화에 관여하는 바이러스의 역할을 지나치게 과대평가한다는 비판을 받은 이 학설이 옳고 그른지를 여기서 평가할 수는 없지만, 바이러스가 유전자를 운반하는 중개자로서 생물 진화에 어느 정도의 역할을 한다는 것 자체는 지금까지 살펴보았듯이 부정할 수 없는 사실이다. 하나 더 추가하자면 바이러스가 관련된 '유전자를 수평이동하기 위한 세포소기관' 같은 것이 실제로 있다는 사실이 최근 몇 년 사이에 밝혀졌다.

그것이 GTA(Gene Transfer Agent)이다(그림 36). 1970년대에 비남세균의 광합성 세균인 홍색비유황세균(Rhodobacter capsulatus)에서 GTA를 처음 발견했고, 약제에 내성을 갖는 유전자가 균주 간에

수평이동을 하도록 촉진하는 비
바이러스성 비플라즈마성 인자
라고 밝혀졌다. GTA는 형태적으
로 파지와 아주 흡사하지만 약간
작고 파지처럼 연속해서 다른 균
에 감염하지는 않았다. 또한 그
안에 있던 DNA도 통상적인 파지
(예를 들어 λ[람다]파지의 경우는 48kb)
보다 훨씬 짧은 4~5kb정도의
DNA 절편이라 분명히 파지와는 달랐다.

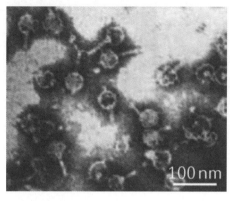

그림 36 Rhodobacter capsulatus에 존재하는 GTA
출처: Lang et al. (2012)

GTA 안에 있는 DNA 배열을 조사한 결과는 아주 흥미로웠다.
파지는 입자 안에 특정한 파지 DNA만 있는 반면, GTA에 들어 있
는 DNA의 배열은 입자마다 다른 것처럼 보였다. 게다가 그것들
모두가 숙주 세균의 게놈 DNA에서 유래했던 것이다. 즉 GTA 안
에는 숙주 게놈 전역에서 DNA가 무작위로 주입되어 있었고, 그
안에는 세균 약제에 내성을 갖는 유전자도 역시 포함되어 다른 균
주로 옮겨갔기 때문에 수평이동을 촉진하는 것처럼 보였다. 물론
다른 균에 전해지는 DNA는 약제에 내성을 갖는 유전자에 국한
되지 않고 다른 영역도 마찬가지로 수평이동한다고 여겨졌다. 즉
GTA는 마치 자신의 게놈 DNA의 일부를 무작위로 다른 균에 수평
이동시키기 위한 '세포소기관'처럼 기능한다고 생각한 것이다.

GTA는 도대체 어떻게 만들어지는 걸까? GTA에 들어 있는 단백질 배열을 토대로 유전자 구성의 전모가 밝혀진 것은 GTA를 발견하고 약 25년의 세월이 흐른 2000년의 일이었다. 홍색비유황세균(R. capsulatus)의 GTA(RcGTA)를 만들기 위한 유전자는 15~17개이며, 게놈의 특정 장소에 집중되어 있고, 대부분이 파지 유전자와 유사성이 높은 것으로 보아 원래는 숙주 게놈에 침입해 들어온 파지에서 파생되었다고 추정했다. 파지 유전자가 숙주에 이용당해 숙주 DNA를 세포 밖으로 수송하는 '장치'가 되었던 것이다. 이런 진화 양식은 3장에서 소개한 폴리드나 바이러스의 독액과 아주 유사하다. 양쪽 모두 체내에 침입한 바이러스가 진화 과정에서 숙주 DNA를 세포 밖으로 운반하는 '장치'로 변환되었다.

GTA의 발견은 두 가지 의미에서 흥미롭다. 첫째는 원핵생물의 세계에서는 이런 바이러스에서 유래했다고 여겨지는 '유전자를 수평이동하기 위한 장치'가 시스템으로서 광범위하게 유지되고 있다는 점이다. GTA는 그 당시 발견된 균에서만 관찰할 수 있는 특수한 현상이라고 생각했지만, 이후 다른 종류의 세균을 연구하고 게놈 분석이 진전되면서 원핵생물의 큰 그룹인 α(알파)프로테오박테리아[23]에 속하는 대부분의 균에서 GTA 유전자가 보존 유지되고 있다는 사실이 밝혀졌다. α프로테오 박테리아를 보면 종의 계통 관계와 마찬가지로 GTA배열도 분화되어 있으며, α프로테오박테리아의 선조 균이 갖는 시스템이 진화 과정에서 지속적으로 보존되어 왔다고 생각할 수 있다. 또한 RcGTA와는 기원이 다소 다른 것으로 여겨지지만 GTA와 유사한 장치가 β(베타)프로테오 박테리아,[23] 스피로헤타,[23] 그리고 고세균[24]에도 있다는 사실이 밝혀졌다. 이렇게 되면 원핵생물의 세계에서 관찰했던 많은 유전자 수평이동은 GTA를 매개로 한 기관을 통해 긴 진화의 역사 속에서 체계적으로 발생했다는 가설이 성립하지 말라는 법도 없다.

두 번째는 GTA가 관여하는 유전자의 수평이동은 다른 세균 개체 간의 유전자 교환, 즉 '교배'의 일종으로 여겨지며 이 양식의 특수성이다. 현재 GTA는 균의 세포가 녹아 밖으로 방출된다고 추정한다. 그렇다면 GTA를 방출하는 개체는 자신의 게놈 DNA를 4~5kb 정도로 짧게 잘라 다른 개체에 위탁한 뒤 자살하는 셈이다. 세균의 세계에서 하나의 세포를 '개체'로 생각해야 하는가에 대해서는 이견도 있겠지만 자기희생이라고 볼 수 있는 장렬한 삶이다. 얼마나 놀라운 '교배' 양식이란 말인가. 이런 시스템이 어떻게 생겨났는지, 또 그 탄생에 바이러스가 어떻게 관련되어 왔는지 대단히 흥미롭다.

---

23) α프로테오 박테리아·β프로테오 박테리아·스피로헤타: 모두 진정세균의 큰 그룹의 명칭. 스피로헤타는 '문', α프로테오박테리아나 β프로테오박테리아는 그 하위인 '강'에 해당하는 분류군이다.

24) 고세균: 현재의 생물은 크게 진핵생물, 진정세균, 고세균 등 세 개의 그룹(도메인)으로 나뉘며, 이 중 하나에 해당하는 분류군. 현재 생물의 대다수가 생육하기 어려운 가혹한 환경에서 살아가는 균(초호열균·고도호염균 등)을 포함한다는 특징이 있다.

제5장

바이러스에서
생명을 생각하다

팔다리의 이돌라

2장에서 '생명이란 무엇인가?', '바이러스란 무엇인가'를 생각할 때 맞닥뜨릴 법한 혼란을 '짧은 머리의 패러독스'라는 이름으로 소개했다. 이번 장은 또 하나의 중요한 혼란에 관한 얘기로 시작하려 한다. 여기서는 '팔다리의 이돌라(우상)' [25]라고 부르겠다. 이 것은 그림 37과 같은 문제다. 왼쪽 그림은 아데노 바이러스의 모식도이다. 바이러스가 기하학적인 형태를 띠고 있으며 일반적인 세포성 생물과는 전혀 다르게 생겼음을 쉽게 알 수 있다. 가운데 그림은 단면도이다. 이렇게 잘라서 보면 바이러스 입자에서 튀어나온 펜톤 섬유[26]라는 돌기가 팔다리처럼 보인다. 오른쪽 그림에는 눈과 입을 그려 넣어 보았다. 이렇게 하니 바이러스가 '살아 있는' 것처럼 보이지 않는가?

'팔다리의 이돌라'는 우리가 '생명이란 무엇인가'를 생각할 때, 흔히 눈에 보이는 고등 동물이나 식물, 혹은 교과서에서 늘 보던 생물 본연의 모습을 떠올릴 때 흔히 저지를 수 있는 오류에 대한

---

25) 이돌라: 라틴어로 우상을 의미하는 단어가 어원이다. 16세기 철학자 프랜시스 베이컨이 인간의 선입관에 따른 잘못을 지적하면서 언급한 네 개의 우상(종족의 우상, 동굴의 우상, 시장의 우상, 극장의 우상)이 유명하다.

26) 펜톤 섬유: 아데노 바이러스 입자의 정20면체 각 정점에 위치하는 12개의 캡소미어 명칭. 입자에서 튀어나온 섬유 모양의 구조를 가지며 이 펜톤 섬유를 매개로 숙주세포에 침입한다.

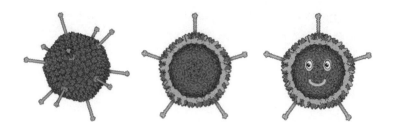

그림 37 팔다리의 이돌라(우상)
출처: Protein Data Bank (http://pdb101.rcsb.org/motm/132)

지적이다. 우리가 직관적으로 느끼는 '살아 있는 것'들의 특징, 예를 들면 움직이고, 따뜻하고, 호흡하고, 표정이 있다 등은 기본적으로 사람이나 포유동물의 이미지에서 온 것이다. 하지만 말할 필요도 없이 지구에는 포유동물과는 전혀 다른 다종다양한 생물이 서식하고 있고 그중에는 '이거 살아 있는 거야?' '생물이라고 할 수 있어?' 라고 의심할 만한 생물도 적지 않다.

이번 장에서는 이처럼 조금은 특이한 생물들을 소개하는 것부터 시작해 다종다양한 생물이 공통적으로 가지고 있는 생명 현상의 본질을 생각해보려고 한다. 그리고 이 책의 주인공인 바이러스가 '살아 있다'고 할 만한 자격이 있는지 독자 여러분과 함께 지금까지 소개한 생물계의 다양한 바이러스의 양상과 더불어 검토하려고 한다.

'변화하는 현상'으로서의 생명

나는 나무늘보의 얼굴이 좋다(그림 38). 나 자신이 선천적으로 게으름뱅이라 친근감이 있다는 것은 차치하더라도 이보다 더 선량해 보이는 얼굴을 한 동물을 알지 못한다. 나무늘보가 왜 게으름뱅이처럼 보일까? 움직임이 둔하고 나무에 매달려 하루 중 스무 시간이나 잠을 자기 때문이다. 하지만 나무늘보는 단순한 게으름뱅이가 아니다. 나무늘보의 라이프스타일은 궁극적으로 지구 친화적이다. 나무늘보는 몸길이가 50~60센티미터이다. 팔다리가 다소 긴 젖먹이 어린애 정도의 크기인데 그 덩치에도 불구하고 하루 종일 나뭇잎을 10그램 정도밖에 먹지 않는다. 볼

그림 38 나무늘보

일도 일주일에 한 번 정도만 본다고 한다. 일본 후생노동성의 〈국민건강·영양조사〉에 따르면 일본인의 하루 평균 섭취 식사량은 약 2,000그램(음료 포함)이니 나무늘보가 얼마나 에너지 절약형 동물인지 알 수 있을 것이다. 나무늘보가 나무에 매달려 하루의 대부분을 보내고 움직임이 둔한 것은 그만큼 적은 에너지만 보충해도

생활할 수 있도록 적응하고 진화해왔기 때문이다. 나무늘보의 근연종 가운데 자이언트 땅늘보(메가테리움)라는 동물이 있었다. 자이언트 땅늘보는 나무늘보보다 더 게을러서 자이언트라는 수식이 붙은 게 아니다. 지상에서 활동하며 식욕도 왕성하고 다 자라면 키가 6미터, 무게가 3톤이었을 것으로 추정하고 있다. 이처럼 거대한 자이언트 땅늘보는 나무늘보보다 더 활동적이고 더 적극적으로 살았던 것처럼 보인다. 하지만 진화 과정에서 멸종하고 말았다. 결국 살아남은 것은 나무 위에서 '게으름을 부리고 있었던' 나무늘보였다. 조금은 불가사의하고 재미있는 이야기이기는 하다.

최근 미국과 일본, 그리고 유럽의 연구진은 이와 관계가 있는 듯하기도 하고 없는 듯하기도 한 놀라운 논문을 잇달아 발표했다. 그것은 수심 3,000미터가 넘는 심해 바닥에서 다시 그 아래로 수백 미터 지하에 말도 안 되는 엄청난 수의 세균이 있고, 대부분이 지구 표층에 있는 유형과는 다른 아주 작은 고세균이라는 내용이었다. 빛도 닿지 않고 산소도 거의 없는 수천 미터 심해 바닥보다 더 깊은 지하 같은 곳, 온도도 0℃밖에 되지 않고 생물이 살아가기 위한 어떤 에너지원도 없으니 '생물 따위는 없다'고 여겨지던 곳에 말이다. 하지만 우리 감각으로는 도저히 생물이 살 수 없을 것 같은 장소에 사실은 1밀리리터당 1억 개가 넘는 고세균이 있었다.

대다수 고세균은 에너지원이 극단적으로 결핍된 상태에 적응해 있고, 나무늘보가 천천히 움직이는 것처럼 이들도 아주 천천히 생명 활동을 하고 있다고 추측할 뿐이다. 고세균은 실험실에서는 거의 대사 활동이 없는 것처럼 보여서 세포 분열을 수백 년, 혹은 수천 년에 한 번 정도밖에 하지 않을 것으로 추정했다. 믿기 어려울 만큼 느린 증식 속도다. 잘 알려진 진정세균인 대장균은 세포 분열을 10분에 한 번꼴로 하니 해저 고세균의 세포 분열 속도는 그에 비하면 수백만분의 1 이하가 된다. 2011년에는 해저 미생물의 대사 속도를 실험으로 계측했는데 실제로 대장균의 10만분의 1 이하였다. 만약 대장균의 증식 속도를 신칸센 고속열차에 비유한다면 대장균이 도쿄에서 출발해 오사카에 도착했을 무렵, 고세균은 도쿄 역 플랫폼에서 고작 몇 미터 움직인 정도에 불과한 달팽이 수준이다. 이 정도로 속도가 다른 것을 같은 범주에 속한다고 봐야 하는지 의문이 생길 정도다. 우리가 일반적으로 알고 있는 '생물'의 역동성을 생각하면 고세균은 마치 '돌처럼' 움직이지 않는다.

하지만 생각해보자. 나무늘보를 봐도 명백하듯이 빨리 움직이거나 빨리 증식하기 위해서는 많은 에너지가 필요하다. 대장균이나 사람의 세포가 지금의 속도로 증식할 수 있는 것은 주변 환경에 다량으로 있는 고에너지원이 되는 유기물을 섭취할 수 있기 때문이다. 있는 그대로 말하면 먹을 것(다른 생물이나 그 배설물)이 주변에 풍부하기 때문이다. 하지만 그런 것이 없는 심해의 지하에서는 사람이나 대장균 같은 고에너지 소비형 생활은 도저히 불가능하다. '최초의 생명체'가 태어났을 때도 상황은 마찬가지였을 것이다. 처음 태어났으니 다른 생물은 없었을 테고 만약 있었다 해도 다른 생물이 배출한 유기물을 섭취(예를 들면 포식)할 수 있는 기능도 없었을 테니 심해의 고세균과 마찬가지로 몹시 궁색하게 살았을 것이다. 그런 청빈한 초기 생명체가 증식하면서 주변 환경에 자신의 사체와 배설물 같은 고에너지 유기물을 조금씩 늘려갔다. 이제는 그것을 이용해서 살아가는 생물들이 출현할 차례다. 그들 중에는 살아 있는 타자를 '포식'하거나 그것에 기생하는 생물들도 나타났을 것이다. 그리고 그런 진화의 끝에는 인간처럼 대형화한 생물이 있다.

'초기의 생명체'들 입장에서 보면 인간이라는 존재는 터무니없이 '이상한 생물'이다. 단세포인 대장균과 인간을 한번 비교해보자. 대장균의 크기는 2~3마이크로미터이다. 인간의 키를 약 1~2미터로 계산하면 그 비율은 50만~100만 배 정도가 된다. 대장균의 크기가 인간 정도라고 가정하면 우리 인간은 대략 일본 열도 중 혼슈 정도의 크기가 된다. 대장균은 1개, 인간은 약 60조 개의 세포로 이루어져 있으므로[27] 대장균이 인간 한 명이라면 인간은 60조 명(현재 지구 인구의 약 1만 배)이 혼슈 전역을 빈틈없이 메운 크기의 생물이라는 얘기가 된다. 어마어마한 크기다. 이런 거대한 구조체가 60조 개나 되는 세포를 통합해 하나의 생물로 움직이고

---

27) 사람의 세포 수: 최근 추정값 중에는 37조 2천억 개라는 보고도 있다(Bianconi et al. 2013).

있는 것이다. 대장균의 입장에서는 상상할 수도 없는 일이다.

하지만 놀라울 정도로 증식 속도가 서로 다른 땅속의 고세균과 대장균, 그리고 이들과는 크기와 복잡한 정도가 전혀 다른 인간도 진화 과정에서 모두 연결되어 있다. 언뜻 생각하기에 도무지 유사한 범주에 속할 것 같지 않은 생물 간의 차이는 오랜 시간을 거쳐 생물이 점진적으로 변화해온 결과 발생한 것이다. 생명의 본질은 이처럼 점진적으로(또한, 아마도 반보존적[半保存的]으로) 변화하고 발전해가는 데 있다. 변화가 본질이라면 겉으로 보이는 생물의 모습과 형태나 기능은 시간과 함께 변해가는 게 이치다. 고도의 지성을 지닌 인간이 출현한 현재도 사실은 변해가는 '생명이라는 현상'의 단면일지 모른다. 예를 들어 앞으로 수십억 년의 시간이 흐르면 지금은 상식처럼 여기는 생명체의 모습이나 형태, 이를 지탱하는 '원리'처럼 보이는 기관도 그때의 환경에 맞춰 변할 것이다. 무엇이 생명인가를 생각할 때 '변화해가는 생명'의 겉모습에 시선을 빼앗기면 '짧은 머리의 패러독스'에 빠져 자칫 진화의 최첨단에 있는 고등 생물과의 유사성을 중시한 '팔다리의 우상'에 사로잡히게 된다.

바이러스와 대사

이런 맥락에서 우리가 흔히 말하는 '바이러스는 대사(代謝)를 하지 않으므로 생물이 아니다'라는 주장에 대해 생각해보자. 대사라는 말 자체가 애매한 의미를 내포한다는 점은 부인할 수 없다. 간략하게 말하면 생물이 자신을 유지하기 위해 외부에서 물질을 가져오고 그것을 이용해 배출하기까지 수행하는 일련의 화학 반응이다. 여기에는 생명 활동을 유지하기 위해 필요한 물질의 합성, 에너지 생산, 불필요한 것들의 대사와 배출 등이 모두 포함되어 있다.

하지만 자신을 유지하기 위해 수행하는 화학 반응이라고 하면, 유지해야 하는 자신은 무엇인지, 혹은 그 자신이 어떤 환경에서 어떤 전략으로 생존하고 있는가 하는 점이 그 내실에 크게 영향을 미치게 된다. 바꿔 말하면 '생명에 필요한 대사계'라고 할 만한 것이 반드시 확고하게 정해지지 않았다는 생각이 든다. 예를 들어 상식적으로 생각할 수 있는 '생명에 필요한 대사계'라는 것이 존재한다고 하자. 인간은 그 모두를 가지고 있을까?

답은 명백히 '아니오'다. 사실 인간은 생명 활동의 기본 중에 기본이라고 할 수 있는 아미노산 합성계 중 몇몇이 결여되어 있다. 생명 활동에 필요한 약 20종의 아미노산 가운데 9종은 합성계가 결여되어 있거나, 있더라도 스스로를 유지하기 위해 필요한 양을 생산할 수 없다. 이것이 필수 아미노산이며 몸 바깥에서 섭취하지 않으면 우리는 살아갈 수 없다. 대장균 같은 세균이나 식물은 모든 아미노산을 합성할 수 있지만 진화의 정점에 있다고 자부하는 인간에게는 불가능한 일이다.

이는 인간이 다른 생물에서 영양분을 섭취하는 생존 전략을 취하기 때문이다. 살아 있는 생체는 고에너지 물질로 이루어진 덩어리고, 아미노산이나 아미노산의 연결체인 단백질이 풍부하게 포함되어 있다. 즉, 인간은 자신에게 필요한 아미노산을 주변 환경에서 포식해 흡수함으로써 합성을 위한 대사계를 포기했다고 생각할 수 있다. 한마디로 인간은 자신을 유지하기 위해 필요한 대사계의 일부를 외부 환경에 의존할 뿐 결코 스스로 해결하지 못하는 존재다.

"각종 생물의 대사계에 약간의 차이는 있어도 에너지를 합성하거나 단백질을 합성하는 기본적인 기능은 생물에게 공통된 요소"라고 말하는 사람도 있을지 모르겠다. 예를 들어 2장에서 3D 프린터라고 소개한 리보솜이 있다. 리보솜은 핵산에 있는 유전 정보에 기초해 단백질을 만드는 세포 내의 복합체다. 리보솜이 합성하는 단백질은 생물에 특징을 부여하는 물질이고 유전물질의 복제나 에너지 대사 같은 기초적인 생명 활동에 깊게 관여한다. 실제로 리보솜을 가지고 있는 것을 '생명의 필요조건'이라고 생각하는 사람도 적지 않다.

하지만 여기에도 예외가 있다. 3장에서 곤충의 세포 안에 사는 공생 세균을 소개했다. 그중에 나무이(Psyllidae)의 공생 세균으로 널리 알려진 카르소넬라 루디가 있다. 이 균은 나무이의 균세포라는 특수한 세포 내부에 살면서 숙주에 아미노산을 제공하고 숙주에서 탄수화물을 얻는 상리공생(相利共生)을 한다.

카르소넬라가 나무이의 세포 내에서 공생한 역사는 약 2억 년에 이를 것으로 추정되며, 나무이의 부모가 자식에게 대를 이어 상속하고 있다. 2억 년 동안 숙주세포 안에서 살아온 카르소넬라는 이런 환경에 적응하면서 필요하지 않은 유전자를 게놈 밖으로 하나둘 버려왔다. 그 결과 리보솜 복합체를 구성하는 데 필수로 여겨지는 약 50개의 유전자 가운데 15개를 이미 잃었다. 카르소넬라는 자기가 가지고 있는 유전자만으로는 리보솜을 만들 수 없다. 리보솜을 만드는 단백질이나 리보솜 자체를 숙주에게 빌리지 않으면 단백질을 만들 수 없는 것이다. 생물은 단백질 합성이라는 생명의 근원과 관계된 대사계라도 외부 환경에 의존할 수 있다는 사실을 보여주는 사례다.

비슷한 예로 파이토플라스마라는 식물 병원성 세균이 있다. 파이토플라스마는 숙주 세균 안에서 기생해야만 살 수 있는 특수한 병원균인데 게놈 전체를 해석한 결과 파이토플라스마·아스테리스는 에너지 합성의 열쇠가 되는 F형 ATP 합성효소[28]가 없다는 것이 밝혀졌다. ATP는 세포 내의 에너지 화폐라고 부르는 물질이며 ATP 합성효소는 생체막의 전기 화학 전위를 이용해 이를 생산한다. 이것은 세포가 에너지를 조달하는 데 꼭 필요한 과정이며 진핵생물과 원핵생물을 불문하고 보존되어 있다. 하지만 파이토플라스마는 자신에게 필요한 대사물질의 대부분을 기생하는 숙주세포에서 직간접적으로 얻는 생활에 적응했고, F형 ATP 합성효소라는 에너지 생산의 심장부마저 내던져버리고 말았다. 이처럼 '리보솜의 단백질 합성'이나 '생체막의 ATP 합성'처럼 생명의 근원이라고 여겨지는 대사 경로를 생물이 갖추고 있어야 하는 것은 아니다.

생명이 탄생한 과정을 생각해보자. 초기 생명은 단순한 화합물이 서서히 고분자화하면서 탄생했다는 '화학 진화설'이 오늘날 가장 유력한 가설로 여겨지고 있다. 이 전제에 입각해 생각하면 생명은 물질에서 진화한 것이 되며 물질과 생명은 원칙적으로 연속선상에 있다. 그렇다면 초기 생명에는 리보솜을 갖지 않는 것, ATP를 만들지 못하는 것 역시 있었던 게 당연하다. 모순되는 것 같지만 초기 생명이 어떤 형태였든 자신을 복제하기 위해서 에너지 생산이나 자기 복제를 위한 재료에 해당하는 기질의 합성 등이 필요했을 것이다. 스스로 대사계를 갖지 않는 초기 생명은 이런

28) F형 ATP 합성효소: 거의 모든 생물이 가지고 있다고 여겨지는 ATP 합성효소이며, 양성자의 농도 차와 막전위를 이용해 ADP와 인산으로 ATP를 합성한다.

논리모순을 해소하기 위해 모든 것을 외부의 환경에 의존했다고 생각하지 않을 수 없다.

예를 들어 1988년에 귄터 베히터스호이저(Günter Wächtershäuser)는 광물인 황철광(FeS2) 표면의 화학 반응으로 각종 생체분자의 중합이 일어났으며 이것이 최초의 생명 '대사'였다는 표면대사설을 주장했다. 또한 심해 바닥의 열수 분출구에서는 풍부한 열원에 따른 온도 변화나 유화수소에 따른 환원력 같은 화학 반응을 촉진하는 에너지가 끊임없이 공급되어 초기 생명의 탄생을 촉진했다고 생각하는 연구자도 적지 않다. 어찌 됐든 초기 생명에게는 이런 외부 환경이 대사계 자체였다고 생각하는 게 자연스럽다.

자신을 유지하기 위한 '대사'를 전적으로 환경에 의존했던 '생명'은 40억 년이라는 진화 과정을 거치면서 더 다양한 환경에서도 살 수 있도록 조금씩 변화했다고 여겨진다. '세포'라는 구조는 자신을 유지하는 데 적합한 환경을 '휴대'하기 위해 생겨난 것일지도 모른다. 이 '자립' 과정에는 환경에 대한 의존도가 서로 다른 다양한 형태가 있었을 것이고, 가지고 있는 대사계의 충실도 역시 달랐을 것이다. 지금까지 소개했듯 현재도 자신을 둘러싼 주변 환경에 대한 의존도가 크게 다른 다양한 생물이 있고, 그들이 보존하고 유지하는 대사계는 실제로 많이 다르다. 생물 전체를 폭넓게 살펴보거나 더 긴 시간을 기준으로 생각해보면 생물이 가지고 있어야 할 대사계 따위는 결코 정해져 있지 않으며 어차피 '변화하는 것'으로밖에 생각할 수 없다. 그들은 모두, 그때, 그 장소에서 자신의 주변 환경에 적응하고 거기서 증식(존재를 유지)할 수 있기 때문에 그렇게 하고 있다. 그 이상도 그 이하도 아니다.

종합해서 한번 생각해보자. 분명히 대다수 바이러스 게놈에는 대사와 관련한 유전자가 없다. 그렇다고 해서 바이러스를 생물에서 제외하는 게 과연 옳을까? 뻔뻔하게 들릴지 모르겠지만 바이러스 입장에서 말하자면, 스스로 대사 같은 것을 하지 않더라도 자신을 유지할 수 있는 환경을 이용해 증식하는 일이 뭐가 잘못됐다는 말인가? "인간도 아미노산을 못 만들지 않습니까?"라고 바이러스가 반문할지 모른다. 실제로 '리보솜'이나 'ATP 합성장치'가 주변 '환경'에 이토록 많은데 무엇 때문에 그런 걸 게놈 안에 들일 필요가 있겠냐고 하지 않을까? 바이러스는 초기 '생명의 구성 원소'가 그랬던 것처럼, 혹은 극단적으로 퇴행 진화해 세포 안에서 사는 세균처럼 주변에 이용 가능한 환경이 있기 때문에 그것을 이용한 것뿐이지 않을까? '바이러스는 대사를 하지 않으니 생물이 아니다'라고 하는 것은 교과서적으로 배운 '생물'의 이미지에 사로잡혀 '팔다리의 우상'에 빠진 것으로밖에 보이지 않는다.

생명의 고동

생명의 특징이 '변화하는 것'이라면 도대체 무엇이 생명의 본질을 뒷받침하는 시스템일까? 물질에서 생명이 탄생한 이래 변함없이 계속되는 '생명의 근원적 원리'라고 할 수 있는 무언가가 존재하는 걸까?

만약 그런 것이 있다면 '다윈의 진화'가 아닐까 생각한다. '시험관 내 자기 복제계'[29]로 생명의 기원을 탐구해온 제럴드 조이스(Gerald Joyce)는 "다윈의 진화 능력을 갖는, 자립하는 화학 시스템이다(Life is a self-sustaining chemical system capable of undergoing Darwinian evolution)."라고 생명을 정의했다. 미 항공우주국(NASA)은 조이스의 이런 견해를 '생명의 정의'로 받아들였다.

생명의 가장 큰 특징은 자신을 유지하면서도 그것에서 시작해서 발전을 되풀이하는 것이며 이것이 진화라 불리는 프로세스다. 진화란 '변화하는 현상' 그 자체이며 이것이 지구에 살고 있는 놀라울 만큼 다양한 생물들과 연결되어 있다. 하지만 진화를 만들어내는 기본적인 원리(로직)는 불변이며 그것이 면면히 이어지는 생

---

29) 시험관 내 자기 복제계: 무생물 환경에서 핵산 등의 단순한 물질을 자기 복제시키는 실험계. 다양한 주장이 있으며 그중에는 핵산의 합성효소도 이용하지 않고 기질과 거푸집의 혼합만으로 거푸집 의존적인 핵산 합성이 발생하는 경우도 있다.

명의 본질이 아닐까 생각한다.

다윈의 진화를 먼저 간단히 살펴보자. 이것은 유명한 19세기의 자연과학자 찰스 다윈이 주장한 자연선택에 따른 생물의 진화를 가리키는 말인데 핵심은 다음과 같다.

1. 유전하는 변이: 생물의 성질은 각 개체마다 차이(변이)가 있고, 그 차이는 부모에서 자식에게 유전된다.
2. 존속을 둘러싼 싸움: 일정한 환경에서 생존 가능한 생물의 수에는 한계가 있고 각 개체의 차이(변이)에 따라 생존·번식 확률이 다르다.
3. 유리한 변이의 보존: 그 결과 유리한 변이를 갖는 개체가 더 많은 자손을 남기고 불리한 변이를 갖는 개체는 도태된다(자연도태).

그림 39는 '다윈의 진화'에서 자주 소개하는 후추나방의 날개 색 변화 모델이다. 어두운 색 나무가 많은 환경에서는 다양한 날개 색의 나방 가운데 어두운 색 날개를 가진 녀석들이 천적에게 발견되어 잡아먹힐 확률이 낮아진다. 그 결과 어두운 색 날개의 나방이 선택적으로 증식하는 사이클이 반복되고, 서서히 나방 집단 전체의 날개 색이 어두워지고 있음을 나타내고 있다.

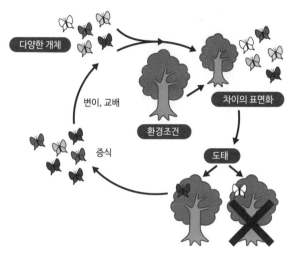

그림 39 후추나방 날개 색의 다윈 진화

이러한 다윈의 진화에서 일어나는 일을 단순화해서 말하면 '시행착오를 하고 성공 체험을 축적하는 사이클을 반복'하는 것이다. 여기서 '시행착오'란 다양한 변이를 가진 자손을 만드는 일이며 그중에서 환경에 잘 적응하는 성질을 가진 것이 자손을 많이 남기고 (복제) '성공 체험'을 결과로 축적한다. 그리고 이를 계승해서 변이를 지닌 자손을 만들어내고 이런 성공을 바탕으로 한층 더 발전하게 된다.

정보라는 관점에서 다윈의 진화를 봤을 때 기본적으로 중요한 특징은 지금까지 얻은 '유용한 정보', 즉 부모의 형질을 이어받은 다음, 새로운 변이를 더한다는 점이다. 무(無)에서 무언가 굉장한 것을 만들어내는 것이 아니라 현재 가지고 있는 토대에 개량을 거듭해서 지속적이고 점진적인 변화를 창출한다. 바꾸어 말하면 유용한 정보의 축적이 일어나는 것이다. 바퀴를 예로 들면 옛날에는 무거운 것을 운반하기 위해 통나무 위에 놓고 굴리다가 짐받이 축에 둥글게 깎은 나무를 박아 넣은 바퀴로 개량하고, 그것을 다시 철제로 바꾸어 내구성을 높이고, 고무를 씌워 진동을 줄인 것과 같은 발전 양식이다. 지금 우리가 사용하는 타이어가 결코 갑자기 등장한 것이 아니다. '유용한 정보의 축적'인 생물의 진화는 정보의 '변이'와 새로운 정보의 '보존' 과정이 반복되어 일어나며, 나는 《생명의 메커니즘》이라는 책에서 이런 주기적인 행위를 '생명의 고동'이라고 불렀다.

사실 '생명의 고동이 곧 다윈의 진화'라는 공식은 단지 '물질'로 간주되는 분자에도 통용될 수 있다. 실례로 SELEX(Systematic Evolution of Ligands by Exponential enrichment) 법을 소개하고자 한다. 특정 물질(단백질 등)에 결합하는 DNA나 RNA 분자를 시험관 안에서 '진화'시키기 위해 실제 연구 현장에서도 이따금 이용하는 방법이다. 그림 40은 '다윈의 진화'의 예에 따라 그 원리를 나타낸 것이다. SELEX 법에서는 다양한 배열을 갖는 DNA 집단에서 대상이 되는 물질과 결합하는 것만을 수집해 PCR이라는 방법으로 증폭(복제)시킨다. 이렇게 하면 대상과 결합하는 성질을 갖는 것이 우선적으로 '증식'하게 된다. 이 DNA를 증폭시키는 과정에서 일어

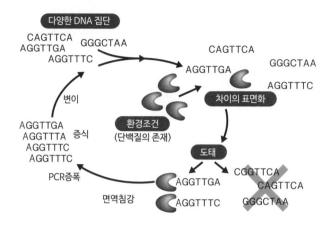

그림 40 SELEX 법에 의한 DNA의 시험관 내 진화
다양한 핵산 집단으로부터 특정 단백질에 결합하는 것만을 면역 침강법[30])으로 수집
해, PCR로 증폭시키기 때문에 그 외의 다른 핵산은 도태된다. 결국 A에서 시작하는
DNA가 우선적으로 증가하는 것으로 나타났다.

나는 복제효소의 결함이나 새로운 배열을 갖는 DNA를 인위적으로 첨가해서 DNA의 다양성이 더욱 증대(변이)되고, 다양화한 DNA 집단에서 대상 물질과 결합하는 것을 다시 선별해 PCR로 증폭시킨다. 이 과정을 반복하면 대상과 더욱 강하게 결합하는 성질(배열)을 갖는 DNA가 조금씩 선별되고 가장 강하게 결합하는 것이 마지막에 '선택'받게 된다. DNA 배열의 진화라는 '시행착오'를 거

---

30) 면역 침강법: 항체를 사용해 특정 물질만을 침전시켜 분리하는 방법. 일례를 들면 항체를 자기구
슬 운반체와 결합시켜두고, 자석을 사용해 운반체를 수집함으로써 그것과 결합되어 있는 목적
물질을 분리할 수 있다.

쳐 특정 물질과 결합하는 '성공 체험'이 반복해서 축적되는 사이클이다. 마치 DNA 배열이 원하는 물질과 결합하는 것처럼 시험관 내에서 '다윈의 진화' 과정이 일어난다.

이런 예가 특수한 실험 조건에서만 일어난다고 생각할지 모르겠다. 하지만 PCR에 사용하는 DNA 복제효소 같은 단백질로 이루어진 '효소'가 없어도 핵산(혹은 그 유연체[類緣體])의 복제가 일어나는 일은 다양한 실험에서 확인할 수 있다. 예를 들어 '점토 광물과의 결합으로 환경에 대한 그 물질의 안전성이 증가한다'는 식의 상황을 상정하면 자연 조건에서도 이런 물질의 진화가 일어날 가능성이 있다.

다만 유의할 점은 물질의 '진화'는 어떤 물질에서나 일어나는 현상이 아니라 진화의 논리를 내포하고 있는 조건에서만 나타난다는 사실이다. 여기서 필요조건은 두 가지다. 첫째, 자기 복제 시스템을 갖추고 있을 것. 즉 복제가 가능한 구조여야 한다. 둘째, 그 복제물에 변화(변이)를 창출하는 성질이 있어야 한다. 이는 생물이 진화하기 위해 필요한 성질과 본질적으로 같은 것이다. 이처럼 복제와 변이라는 '진화의 논리'를 내포하는 물질이 드물기는 하지만 자연계에 실제로 있으며, 대표적인 예가 인간의 유전자, 바로 DNA다. 이것은 결코 DNA만 갖고 있는 성질은 아니다. RNA도 그렇고 초기 핵산으로 추정하고 있는 TNA(Threose nucleic acid)[31]나 PNA(Peptide Nucleic Acid)[32]와 같은 물질도 이런 두 가지 성질을 모두 가지고 있다.

과거 《이기적인 유전자》를 저술한 리처드 도킨스(Richard Dawkins)는 '생물은 유전자(DNA)를 운반하는 도구에 불과하다'고 역설했다. 그는 생물의 진화가 생물 자체에서 일어나는 게 아니라 그 안에 있는 DNA 배열이 단위가 되어 자연선택이 일어난 결과라고 생각했다. 일반적으로는 생물 개체나 생물종 같은 단위에서 도태가 발생한다고 생각하기 쉽지만, 실제로 그 영향이 미치는 것은 해당 생물이 가지고 있는 DNA 배열 같은 작은 단위라는 주장이다. 그렇다면 생물 진화가 상당히 진행된 현재도 다윈의 진화론을 따르는 실체는 물질(DNA)이며, 본질적으로는 생명이 탄생한 화학 진화의 시대부터 계속 같은 현상(물질의 다윈식 진화)이 일어나고 있다고 생각할 수 있다. 이것을 관통하는 논리는 하나다. 어떤 환경에서 증식 가능한 것이 증가하고, 더 안정적이며 효율적으로 증가하는 방향으로 변화한다는 것이다. 이것이 물질에서 생명 진화에 이르기까지 변함없이 계속되고 있는 건지도 모를 일이다.

---

31) TNA: 트레오스핵산. DNA에서는 디옥시리보스라는 오탄당이 골격으로 사용되는데, 트레오스라는 사탄당을 골격으로 삼는 핵산을 가리킨다. 사탄당은 오탄당보다 단순한 화학 반응으로 생성되므로 현재의 DNA나 RNA의 전구체가 되었을 가능성이 있는 것으로 추측되고 있다.

32) PNA: 펩티드핵산. 펩티드는 디옥시리보스 등에 비하면 단순한 화학 반응으로 생성되어 화학 진화의 초기에 비교적 많이 존재했을 것으로 추정된다. 그래서 펩티드를 골격으로 하는 핵산이 존재했을지도 모른다는 가설이 있다. 이는 현재의 핵산-단백질에 의한 생명시스템을 하나의 분자로 체현한 듯한 분자이며 지금까지 자연계에서는 발견되지 않았지만 인공적으로는 합성되었고 실제로 DNA같은 이중나선을 형성한다.

이런 가설은 결코 허무맹랑하지는 않지만 현 상태에서 충분한 과학적 근거가 있다고 하기 어렵다. 어디까지나 이론으로 가능하다는 정도의 얘기다. 가장 큰 문제는 '진화의 논리'를 내포한 물질이 발전하는 현상을 이어가기 위해서는 그 사이클, 즉 '생명의 고동'을 구동할 수 있는 '환경'도 지속적으로 제공되어야만 한다는 점이다. 현재의 생물에게는 DNA를 증폭하기 위해 최적화된 '세포'라는 '환경'이 제공되어 있고, 그 지속성도 의심할 여지가 없다. 하지만 세포를 얻기 전의 '물질'을 생각하면 분해되기 전에 자신의 복제품을 만들어낼 수 있는 환경이 수억 년 단위로 끊임없이 제공되어야만 한다. 이는 분명 어려운 일처럼 보일 테지만 '어딘가에서 일어났다'는 생각으로 연구를 멈추지 않는 과학자들이 결코 적지 않다. 그들의 연구에 진전이 있기를 기대한다.

어디까지나 이론에 불과하지만 여기서는 두 가지를 강조하고자 한다. 하나는 '진화의 논리'를 가진 물질의 탄생은 유용한 정보를 '축적'하기 위한 물리적인 기반이 성립되었음을 의미하고, 그런 물질이 없으면 무언가가 축적되는 현상이 지속해서 일어날 가능성이 지극히 낮다는 점이다. 적어도 현재까지는 유전물질 없이 진화의 지속성을 설명할 수 있는 논리는 없다. 두 번째는 '진화의 논리'를 내포하는 분자는 적절한 환경만 있으면 '생명의 고동'이 작동해 '진화'가 일어나지만, 그렇지 않은 분자는 어떤 환경이 주어져도 진화하지 못한다는 것이다. 이는 결정적인 차이다. 이상의 두 가지 점에서 나는 '진화의 논리'를 갖고 있는 분자의 등장이 생명의 탄생에서 가장 중요한 터닝 포인트였다고 생각한다.

그리고 이 책의 주인공인 바이러스는 예외 없이 DNA나 RNA와 같은 '진화의 논리'를 내포한 장치를 가지고 있으며 '생명의 고동'을 연주하는 존재다. 이 장치는 잇따라 새로운 기능을 창출하는 성질이 있으며, 우리가 매년 시달리는 인플루엔자의 변종이 생기는 이유가 바로 이것 때문이다. 그리고 놀랍게도 그 모두가 1918년에 스페인 독감을 일으킨 바이러스의 후손이라는 점도 이 장치가 지닌 지속성에서 연유한다.

생명의 본질을 '생명의 고동'이 이끄는 진화라고 생각한다면 바이러스는 당연히 생명의 일원이 된다. 이를 받아들일 수 있는 사람도, 그렇지 않은 사람도 있을 것이다. 아마도 다음과 같은 문제로 집약할 수 있을지 모른다. 예를 들면 앞으로 10억 년 후에 현재의 바이러스를 기원으로 하는 '세포성 생물'이 탄생하는 일이 있을까, 라는 것이다. 바이러스와 생물 사이에 연관성이 있다면 그런 진화가 일어난다 해도 결코 이상할 게 없다. 바이러스는 생물과 같은 방식으로 지속적으로 발전하고 변화할 수 있다. 또한 생물이 40억 년이라는 세월에 걸쳐 핵산 형태의 물질에서 현재의 모습으로 진화해왔다고 한다면, 다양한 환경에서 살아가는 바이러스 중에는 세포성 생물로 진화하는 것이 있을지 모른다. 그런 일이 일어난다면 바이러스와 생물은 명백히 연속되어 있으며 현재

의 바이러스도 살아 있는 존재로 간주해야 할 것이다. 이 문제는
에필로그에서 다루어보자.

바이러스를 바라보는
새로운 관점과 생명의 고리

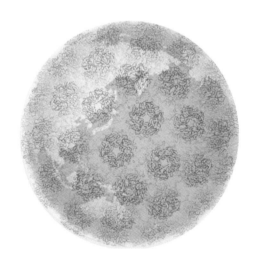

뚜껑 열린 '판도라'의 상자

칠레는 길게 누운 안데스 산맥에 막혀 남아메리카 대륙의 서해 안을 따라 남북으로 좁고 길게 뻗은 나라다. 칠레 중부의 바다를 접한 해안 도시 알가로보(Algarrobo) 북부에는 퉁켄이라는 작은 하천이 태평양으로 흘러 들어간다. 그리스 신화의 '판도라의 상자'를 본떠 이름을 붙였다는 판도라 바이러스는 퉁켄 강 하구 퇴적물 속에 있던 작은 아메바에서 발견되었다.

그리스 신화에 따르면 인류 최초의 여성인 아름다운 판도라는 '절대 열지 마라'는 경고와 함께 신에게서 상자를 받았다. 그 상자에는 인류의 온갖 재앙이 가득 차 있었다고 한다. 신화의 세부적인 내용에 대해서는 여러 설이 있지만, 아무튼 그리스 신화의 오르페우스나 일본 신화의 이자나기(伊邪那伎)에게 내려진 '보지 말라'라는 금기, 그리고 우라시마 타로(浦島太郎)의 보물 상자에 얽힌 '해서는 안 된다'는 금기를 인류가 호기심을 억제하지 못해 어긴다는 모티프가 원형인 신화다. 이런 맥락에서

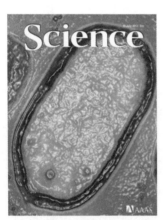

그림 41 2013년 7월 19일자 〈사이언스〉 표지를 장식한 판도라 바이러스의 발견

얘기하자면 '인류가 알아서는 안 되는' 바이러스라고 명명한 것이 판도라 바이러스다. 거대 바이러스 사냥꾼으로 유명한 프랑스의 바이러스 학자 장-미셸 클라베리(Jean-Michel Claverie)의 연구진이 〈사이언스〉 지에 그 놀라운 전모를 발표한 것은 2013년 7월이었다(그림 41).

채취 당시에 그들은 이 바이러스를 '새로운 생명의 형태(NLF : New Life Form)'라고 불렀다. 세포 구조를 가지고 있지 않아 일반적인 생물이 아닌 것은 분명했지만 바이러스라고 하기에는 너무나 기이한 형태를 하고 있었기 때문이다. 입자의 크기는 길이가 1마이크로미터, 너비가 0.5마이크로미터로 바이러스로서는 처음으로 마이크로미터를 초과했다. 지금까지 이 책에서 소개한 인플루엔자 바이러스나 HIV 등의 크기가 0.1마이크로미터 정도이니 판도라 바이러스는 부피로 따지면 1,000배 정도 더 크다. 이것은 오히려 세균에 가까운 크기이며 대표적인 세균인 대장균의 크기(길이 2마이크로미터, 너비 0.5마이크로미터)와 비교하면 이해가 쉬울 것이다(162쪽 그림 42).

2장에서 소개한 것처럼 바이러스는 망이 촘촘한 필터를 통과하는 여과성 병원체로서 발견되었으니 판도라 바이러스는 당연히 필터에 걸리는 '비여과성'이었다. 또한 바이러스 입자의 구조도 독특해서 캡시드 안쪽에 지질막이 존재하고 그 내부에 바이러스 게놈인 2중 가닥 DNA가 있었다. 캡시드는 3층으로 된 피막으로 감

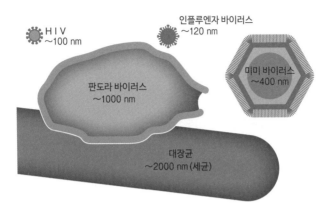

그림 42 판도라 바이러스와 다른 바이러스 그리고 대장균의 크기 비교

싸여 있었는데, 캡시드는 물론이고 바깥쪽 피막에도 일부에 개구부가 있어 당시까지 발견했던 바이러스에 대한 상식에서 벗어난 구조라는 사실이 밝혀졌다(그림 43).

이뿐만이 아니라 판도라 바이러스는 보유 유전자에도 아주 독특한 특징이 있었다. 우선 게놈의 크기이다. 대표적인 판도라 바이러스 종(Pandoravirus salinus)의 게놈 크기는 약 247만 염기쌍, 유전자 수가 2,556개라고 밝혀져 당시까지 알려진 것 중 가장 큰 메가 바이러스(약 126만 염기쌍, 유전자 수 1,120개)를 2배 이상 뛰어넘었다. 판도라 바이러스의 게놈 크기나 유전자 수는 게놈 축소가 보고된 세포 내 공생 세균이나 일부 기생성 세균을 능가한 것은 물론 자연 생태계에서 독립해서 생존하는 일부 진생 세균이나 대부분의 고세균보다 컸다. HIV처럼 잘 알려진 일반적인 바이러스는 게놈의 크기가 1만 염기쌍 정도이며 유전자도 10개 이하라는 게 상식이었기 때문에 크기로만 보면 판도라 바이러스는 게놈과 물리적 측면에서 모두 '세균'이었다.

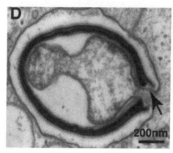

그림 43 개구부가 있는 판도라 바이러스의 독특한 입자구조
출처: Philippe et al.(2013)

판도라 바이러스는 크기로 바이러스 게놈의 기록을 갈아치웠다는 의미에서 대서특필할 만하지만, 세균에 육박하는 거대 바이러스는 10년도 전인 2003년에 미미 바이러스가 이미 보고된 바 있다. 이 분야에 지식이 있는 독자 중에는 뭐 그런 옛날 얘기를 하냐고 할 사람이 있을지 모르겠다. 하지만 진짜로 놀라운 점은 판도라 바이러스가 보유하고 있던 유전자군의 구성이었다. 판도라 바이러스는 이전까지 발견된 거대 바이러스군이 공통적으로 갖는 DNA 복제효소, RNA 합성효소와 헬리카제 등의 유전자도 보유했고, 2,556개나 되는 유전자 가운데 무려 93%에 육박하는 2,370개의 유전자가 그동안 알려진 어떤 생물의 유전자와도 유사성이 없다고 보고되었다. 게놈 배열이 모두 밝혀진 생물이라고 해봤자 셀 수 있을 만큼밖에 없었던 2003년이라면 몰라도 수천 가지가 넘는 진핵생물종과 수만 가지가 넘는 원핵생물종의 게놈이 모두 밝혀진 2013년에 보유 유전자의 93%가 어떤 생물과도 닮지 않은 '에일리언'이

있다는 것을 어떻게 생각해야 좋을까?

클라베리 연구진은 DNA 합성효소나 tRNA 합성효소의 염기 배열의 분자 계통 분석을 통해 판도라 바이러스를 포함한 거대 바이러스군이 진핵생물, 진정세균, 고세균이라는 생물의 주요 분류군인 세 개의 영역 중 어느 것에도 속하지 않으며 새로운 네 번째 영역을 구성한다는 가설을 펼쳤다. 판도라 바이러스가 지금까지 전혀 알려지지 않은 새로운 '생물'에 해당한다는 주장이다. 이후의 상세한 분석을 통해 판도라 바이러스의 유전자 가운데 다른 바이러스의 유전자와 유사성이 있는 것 중 대부분은 조류(藻類)에 감염한다고 알려진 바이러스(phycodnavirus)에서 기원하는 것으로 드러나 근원의 일부는 밝혀졌다고 할 수 있다. 하지만 다른 어떤 생물의 유전자와도 닮지 않은 93%의 유전자군이 도대체 어떻게 생겨났는지, 어떤 기능을 갖는지 아직 알 수 없다. 마치 에일리언처럼 강한 특성을 발휘하는 판도라 바이러스가 담긴 이 상자는 이제 겨우 열리기 시작하는 단계다.

한없이 생명에 가까운 거대 바이러스들

2003년에 미미 바이러스로 시작된 거대 바이러스의 발견은 과학 분야에서 '바이러스가 생물인가'라는 논쟁을 다시 불러일으켰다. 특히 제2의 거대 바이러스인 마마 바이러스를 발견한 당사자들이 2008년에 〈네이처〉 지의 자매지에서 생물계를 '캡시드를 갖는 생물'과 '리보솜을 갖는 생물'로 이분화해야 한다고 주장했다. 사실상 바이러스를 생물로 간주하자는 요구였다. 이것이 계기가 되어 2009년에 바이러스를 생물로 간주할 수 없다고 주장하는 과학자들과 생물로 봐야 한다고 주장하는 과학자들이 같은 과학 잡지에서 격돌하게 되었다.

되풀이하는 느낌도 있지만 이들의 논점을 소개하겠다. 반대론자의 주요 주장은 ①바이러스는 에너지 생산이라는 생명 활동에 필수적인 대사를 하지 않는다. ②바이러스는 진화하지만 세포에서 독립한 상태에서는 불가능하다. ③바이러스는 공통의 조상이 없어 전체가 계통적으로 진화했는지 의문이다. ④바이러스는 세포 내의 플라스미드나 전이인자 등의 일반 '분자'와 명확한 경계가 없다. ⑤거대 바이러스에 있는 일부 대사계 유전자는 세포성 생물에게 '훔친' 것에 불과하다는 것이다.

한편, 찬성론자는 ①바이러스가 생명이 아니라고 하는 것은 고

전적인 생명관에 얽매여 새로운 패러다임으로 미래의 생명관을 만들어가려는 자세가 결여되었다. ②다른 세포의 도움 없이는 자기 복제가 불가능한 생물과 세포도 다수 알려져 있는데 바이러스만 제외할 이유가 없다. ③바이러스 입자는 세균의 홀씨나 난자 같은 것이며 '환경'이 갖춰지면 생명 활동을 하는 '생물'로 생각할 수 있다. ④거대 바이러스의 유전자가 세포성 생물에게 '훔친 것'이라는 주장은 잘못이며, 대부분이 세포성 생물의 유전자와 유사성이 없다. ⑤바이러스를 하나로 묶어 논의하는 게 아니라, 미미바이러스 같은 거대 바이러스를 일반적인 바이러스와 분리해 '자이러스(girus)'라는 새로운 생물군으로 분류할 것을 제안할 수 있다. ⑥단순한 바이러스에서 거대 바이러스까지 공통적으로 보유하는 유전자군이 있고 바이러스도 계통적으로 진화했을 가능성이 있다는 반론을 제기했다.

이들이 제기한 논점을 포함해 바이러스가 생명인가 아닌가에 대해 다양한 근거를 바탕으로 이야기했다. 차라리 판도라 바이러스처럼 기존의 범주에 들지 않는 바이러스가 발견되는 편이 깔끔하고 효과적이었을지 모른다. 이론보다 증거인 것이다. 실제로 2,000개 이상이나 되는 유전자로 자기 복제를 하고 진화하는 것을 그저 '물질'이라 부르면 다소 위화감을 느끼는 독자도 많지 않을까 생각한다. 원래 생물을 의미하는 유기체(Organism, 有機體)라는 단어는 조직하다(organize)나 조직(organization)이라는 단어와 어원이 같으며, 각 부분이 연계해 조직적으로 기능한다는 뜻이 포함되어 있다. 실제로 2,000개 이상의 유전자를 조직화하고 자기 복제를 하고 있다면 어떻게 생각해도 유기체이다.

지금까지 바이러스는 더 빨리, 더 효율적으로 증식하기 위해 게놈을 단순하게 만들어 소형화하는 방향으로 진화해왔다고 추정했다. 하지만 판도라 바이러스 같은 자이언트 바이러스를 보면 결코 그런 일반적인 진화가 아니라 놀라운 속도로 유전자를 모아 '생물'에 가까워지고 있는 것처럼 보이기도 한다. 여기서 특히 흥미로운 것은 판도라 바이러스처럼 거대 바이러스(phycodnavirus)에 속하는 클로로 바이러스다.

클로로 바이러스는 클로렐라 등의 녹조류에 감염하는 바이러스다. 이 바이러스의 게놈에는 많은 막 수송 단백질(이온 통로 등을 포함)을 발현하기 위한 유전자가 암호화되어 있다는 사실이 최근 밝혀졌다. 막 수송 단백질은 막을 넘나드는 물질 수송을 가능하게 하는 장치이며 필요한 것을 취하고 불필요한 것은 배출하는 세포, 즉 자신의 '방'을 쾌적하게 만들기 위한 주요 도구다. 현재 클로로 바이러스의 막 수송 단백질은 숙주를 감염시키기 위한 '무기'로 인식되기도 하지만, 클로로 바이러스는 캡시드 내에 막 구조를 가지고 있기 때문에 막 수송 단백질이 활동하기 시작하면 방 안팎에서 환경을 바꾸는 소위 '세포막'으로서의 기능을 시작한다. 바이러스는 '진화의 논리'를 내포한 장치를 보유하고 있고 다양하게 변화할 수 있는 존재다. 이미 유전자와 막 구조가 있기 때문에 '바이러스가 세포막을 갖는' 방향으로 진화할 가능성이 전혀 없다고 말할 수 없을 것이다. 10억 년까지 기다릴 것도 없이 1억 년 후에는 정말로 바이러스에서 기원하는 '세포성' 생물이 탄생할지 모른다.

또한, 5장에서 소개한 곤충의 공생 세균인 카르소넬라 루디를 보자. 이 세균은 게놈 크기가 약 16만 염기쌍, 유전자가 182개로 판도라 바이러스의 10분의 1 이하에 불과하다. 보유 유전자 수의 차이가 10배라는 것은 고등 생물과 단순한 고세균 정도의 차이이며, 복잡성 측면에서는 아마 판도라 바이러스가 카르소넬라보다 우위일 가능성이 있다. 카르소넬라 같은 세포 내 공생 세균, 혹은 파이토플라스마 같은 세포 내 기생 세균은 숙주세포가 없으면 자기 복제를 할 수 없고, 그런 의미에서 보면 바이러스와 아무런 차이가 없다. 그런데 카르소넬라는 생물이고 판도라 바이러스는 생물이 아니라는 '생명의 정의'에 무언가 중대한 결함이 있는 게 아닐까?

과학은 진보하고 발전하는 것이며 이런 새로운 이론을 포함해 '생명이란 무엇인가'를 다시 한 번 생각해보자는 제안은 강한 설득력을 지닌다. 물론 게놈이 극단적으로 줄어든 카르소넬라라 할지라도 전통적인 생물로서의 특징인 세포막으로 둘러싸인 세포 구조를 보유하고 있으니, 세포막이 없는 거대 바이러스들과 차별화되는 측면이 있는 것은 사실이다. 하지만 생명이라는 것을 그런

고전적인 틀 안에서만 보는 게 과연 바람직한지는 앞으로 논의할 과제다. 판도라 바이러스의 발견은 새로운 바이러스관과 생명관으로 향하는 문을 연 사건이었다.

그리고 생명의 고리

1960년대에 미 항공우주국의 제임스 러브록(James Lovelock)은 유명한 '가이아 가설'을 주장했다. 그는 지구가 마치 하나의 생명체처럼 자기 조절 시스템을 갖추었다며 그리스 신화에 나오는 대지의 여신 '가이아'의 이름을 따서 그렇게 불렀다. '생명'의 단위를 지구 전체로 확대하는 대단히 낭만적인 이 가설의 옳고 그름은 차치하더라도, 우리가 평소 자명한 것으로 여기는 '하나의 생명'이란 대체 무엇인가에 대해 진지하게 생각하게 한다. 마지막으로 '바이러스는 생명인가'라는 문제와 함께 이 질문에 대해 생각해보려고 한다.

인간과 같은 고등 동물은 생명의 단위로서의 '개체'를 떠올리기가 쉽다. 개체의 특징으로 다음과 같은 요소를 들 수 있을 것이다. ①물리적으로 하나로 연결되어 있다. ②이를 구성하는 세포가 동일한 DNA 정보를 가지고 있다(자기 증식 단위). ③하나의 중추신경계(뇌 정보)로 전체가 통합된다. 고등 생물(특히 인간)에 국한해 말하자면 대부분의 경우 이 세 가지 요소를 동시에 만족하기 때문에 (샴쌍둥이 같은 예외는 있지만), '개체'라는 개념이 이 세상에 있다는 것에 의문을 갖지 않는다.

하지만 일반 생물로 확대하면 '개체'라는 개념이 정말 있는 건지 혼란스러운 상황이 펼쳐진다. 식물을 예로 들어보자. 식물은 다세포생물이고 우리는 한 포기를 '개체'라고 생각한다. 하지만 한 포기의 식물에서 일부를 물리적으로 떼어 내어 꺾꽂이를 하면 쉽게 다른 한 포기를 만들 수 있어 방금 전까지 '자기'였던 일부가 간단히 또 다른 한 포기가 된다. 이들은 유전적으로는 완전히 똑같은 정보를 가지고 있다. 예를 들어 꺾꽂이를 한 모체 식물이 말라 죽으면 그 개체는 이 세상에서 사라진 것인가, 활착한 식물이 아직 살아 있으니 살아 있다고 해야 하는가? 이와 반대로 다른 DNA 정보를 갖는 이종의 '별도 개체'를 접목해 한 포기를 만들 수도 있다. 접붙이기를 한 식물이라도 다른 유전 정보를 갖고 있다면 개별체로 생각해야 할까, 접붙이기를 한 순간 하나의 개체가 되었다고 생각해야 할까?

좀 더 예를 들어보자. 식물에는 이질 배수체라는 현상이 있다. 비유해서 설명하자면 핵 안에 '타자'가 동거하는 상태를 말한다. 양배추에 배추를 접붙인 이질 사배체 식물이 있다. 이것은 배추

(염색체 20개)와 양배추(염색체 18개)를 융합한 것으로 염색체 수는 둘을 합한 38개다. 이들이 하나의 핵 안에 모여 하나의 식물 개체가 된다. 혼자서도 배추, 혹은 양배추로 살아갈 수 있는 것들이 하나의 세포 안에서 동거를 하는 것이다. 하나의 개체가 두 생물종의 DNA 정보로 만들어져 있다는, 어딘지 모르게 위화감이 드는 현상이다.

세균이나 진균 같은 미생물도 식물과 상황이 거의 같아서 다세포화되어 있는 미생물 개체에서 일부를 떼어 낸 경우에는 간단히 '별도의 개체'로 재생한다. 이 경우 분리된 두 '개체'의 동일성을 어떻게 생각해야 하느냐는 문제가 뒤따른다. 이렇게 생각하다 보면 '개체'라는 개념이 성립하는 것은 고등 동물 특유의 현상이 아닐까 싶은 생각마저 든다.

다만 고등 동물이라도 '생명의 단위' 문제에서 완전히 자유로운 것은 아니다. 2006년 〈사이언스〉 지에 인간의 내장에 서식하는 세균을 상세히 분석한 결과가 실렸다. 10조에서 100조 개에 이르는 세균이 장내에 산다는 내용이었다. 장내 세균이 가지고 있는 유전자 수는 적어도 인간 게놈에 있는 유전자 수의 100배 이상인 것으로 추정되었다. 인간은 이처럼 수많은 장내 세균의 힘(유전 정보)을 빌려 원래 자신의 대사계에서는 생성하지 못하는 아미노산, 다당류, 비타민이나 테르페노이드 같은 대사물을 만들 수 있다. 이런 현상은 말이나 소 같은 초식동물에서 더욱 뚜렷이 나타난다.

그들은 식물이 주식임에도 불구하고 식물의 주요 성분인 셀룰로스를 분해하는 셀룰라아제를 만들지 못한다. 셀룰로스 분해는 소화관 내의 공생 미생물이 담당하며 이들의 유전 정보가 없으면 초식동물은 당연히 생존하지 못한다. 이런 경우에 초식동물이 살아가려면 장내 세균이 필수적이며 장내 세균이 없으면 '단위'로서 성립하지 못한다고 볼 수 있을 듯하다.

인간은 자아의 의식을 기반으로 세상을 인식한다. 자연스럽게 자신은 유일한 존재이며 타인과는 다른 독립성이 있는 '개별체로서의 의식'을 지니고 있다. 분명 형이상의 의식에서는 (아마 다른 동물을 포함해) 독립성을 가지고 있으며, 다른 것과 경계선을 그을 수 있다. 이는 뇌라는 조직이 다분히 다른 것들과의 물리적인 교류가 적은 '개체' 고유의 것이기 때문이다. 하지만 형이하의 생물로서 인간은 형이상의 '개별체로서의 의식'만큼 다른 것들에서 독립해 있지 않다. 앞서 얘기한 것처럼 우리 몸속에는 어마어마한 수의 장내 세균이 있고 그들의 도움으로 생존하고 있으며, 피부에도 1조 개나 되는 상재균(常在菌)이 있다. 각 세포 안에는 먼 옛날 독립 세포였던 미토콘드리아가 있고, 게놈 DNA의 절반은 바이러스나 전이인자 등이다. 여기서 타자와 분리된 '자신'과 같은 '순도'를 원하는 것은 인간의 특수성이며, 생명에 독립성을 지닐 수 있게 하는 것은 단지 '나는 생각한다, 고로 존재한다'라고 한 '관념' 정도가 아닐까?

아마도 생명은 본래 다양한 차원에서 다양한 강도로 생명체끼리 연결되어 있을 것이다. 적어도 물질적으로는 아무도 '독립' 따위 하지 않았고 상호 의존적이며 진화 과정에서는 다른 생물과의 합체나 유전자 교환을 반복하는 등 뒤범벅 속에서 성장해왔다. 이런 생명의 존재 양식을 굳이 표현하자면 평범하기는 하지만 '생명의 고리'라고 할 수밖에 없을 것 같다.

약 40억 년 전에 저분자 장치('상보성'을 갖는 복제와 변이가 가능한 분자)의 성립과 함께 시작되었을 '정보의 보존과 변혁'을 반복하는 '생명'이라는 현상은 지구 상에서 하나의 연결 고리로서 장대한 시공을 초월해 지금도 계속되고 있다. 크게 달라 보이는 다양한 생물들의 모습은 이 원리가 환경에 따라 모습을 바꾸고 각자의 시공간에서 그 존재를 유지할 수 있도록 구체화된 것이다. 이처럼 모습을 바꾼 다양성이 생명 현상의 존속을 더욱 확실하게 만들어왔다.

바이러스도 역시 그 안에 있다. 바이러스의 모습은 분명 세포성 생물과는 다소 다르다. 하지만 지금까지 얘기했듯이 '생명의 고동'을 연주하는 존재이며 때로는 세포성 생물과 융합하고 때로는 서로 돕고 때로는 대립하면서도 생물의 진화를 화려하게 수놓아왔다. 만약 이 '생명의 고리'가 정말로 하나의 현상이라면 바이러스는 의심할 여지없이 없어서는 안 될 중요한 구성원이다.

이것이 내가 '바이러스는 살아 있다'고 생각하는 이유다.

마치며

지금으로부터 30년 정도 되었을까? 대학 4학년이 되면서 졸업 논문으로 바이러스 연구를 주제로 잡게 되었다. 바이러스 유전자 하나에 변이를 일으키고 어떤 일이 일어나는지 조사하는 것이었다. 처음 연구 과제를 들었을 때 왠지 굉장히 단순한 주제라고 생각했던 기억이 난다. 나는 교수님의 수업이 재미있었다는 단순한 이유로 연구 과제를 선택했다. 바이러스에 특별한 흥미가 있었던 것도 아니고, 당시에는 도대체 바이러스라는 게 뭔지 명확한 이미지조차 없었다. 창피한 얘기지만.

내 연구 재료는 십자화과 식물에 질병을 일으키는 콜리플라워 모자이크 바이러스라는 2중 가닥 DNA 바이러스였다. 식물의 바이러스 감염 실험이라고 하면 대부분 바이러스 입자를 식물세포에 주입하는 모습을 상상한다. 하지만 이 바이러스는 자신의 DNA만으로 질병을 일으킬 수 있다. 예를 들면 대장균으로 만든 DNA처럼 원래의 바이러스와는 직접 관계가 없지만 바이러스의 배열을 갖는 '평범한 DNA 용액'을 살짝 상처를 낸 이파리에 떨어뜨린

다음 싹싹 비벼준다. 이렇게 하면 식물이 병에 걸린다. 놀라웠다.

하지만 무엇보다 놀라웠던 것은 이 '바이러스 DNA'를 단 1염기만 변이시켜도 감염되지 않는다는 사실이었다. 원래의 '바이러스 DNA'는 이파리를 비비면 식물세포에서 증식해 자손 바이러스를 산더미처럼 생산함으로써 식물 전체를 병에 걸리게 만든다. 그 모습은 '살아 있는 생물' 바로 그 자체처럼 느껴졌다. 하지만 이 DNA의 암호를 하나만 살짝 변화시키면 전처럼 이파리를 비벼도 아무 일도 일어나지 않는다. 이때는 그야말로 '단순한 물질'이다. 어느 회사에서 영양제로 판매하는 건강식품 'DNA'나 마찬가지인 것이다.

정말로 흥미롭지 않은가!

내가 보고 있는 이 현상은 대체 뭐지? '살아 있는 생물'과 '단순한 물질'의 차이가 DNA의 단 1염기 차이라고? 이런 일이 정말 있을 수 있을까?

그때 '바이러스'에 강한 흥미가 생겼다. 이것이 바로 내가 '바이러스 세계'를 처음 만난 순간이었다.

바이러스는 과연 '살아 있는' 것일까? 교과서는 '바이러스는 생물이 아니다'라고 가르친다. 하지만 실제로 바이러스를 가까이서 다루다 보면 그것은 '살아 있다'고 생각할 수밖에 없게 된다. 내 전문 연구 분야는 식물병리학이기 때문에 세균이 원인인 질병이든 바이러스가 원인인 질병이든 기본적으로는 같은 생물 현상으로밖에 생각하지 않는다.

병원체가 식물에 모종의 방법으로 침입하면 식물은 어떻게든 병원체를 물리치려고 한다. 하지만 병원체는 이를 교묘하게 피해 증식하고 자손을 번식시킨다. 이 과정에서 증상이 나타나고 증가한 병원체의 자손은 다시 모종의 방법으로 식물에서 나와 다시 새로운 감염을 반복한다. 또 식물은 병원체로부터 자신을 지키기 위해 진화 과정에서 저항성 유전자를 만들어내며, 병원체도 이에 대항할 수 있도록 진화해 유전자가 변해간다. '숙주와 병원체의 싸움'이라는 이런 동적인 구도 속에서 바이러스는 '생물'인 세균과 무엇 하나 다를 바 없는 행동을 한다. 이런 바이러스를 '생물이 아니다'라고 정의하는 것은 뭔가 이상하다. 내가 이런 생각을 갖게 된 것은 무척이나 자연스러운 일이었다.

무엇을 기준으로 '살아 있다'고 정의하는 것일까? 이 문제를 복잡하게 만드는 요인 중 하나는 우리 인간이 사실은 다른 두 개의 '삶'을 살고 있고, 이 둘을 엄격하게 구분하지 않는 경향이 있다는 사실에 기인하는 것 같다. 그 두 개의 '삶'이란 다른 말로 하면 DNA 정보로 이루어진 생물인 '인간으로서의 삶'과 뇌 정보로 이루어진 인격을 갖는 '사람으로서의 삶'이다. 이런 경우를 생각해 보자. 어떤 성인 남자가 불의의 교통사고로 심장이 멈추고 뇌파가 잡히지 않게 되면 그 사람은 죽었다고 간주한다. 하지만 그 남자한테서 바로 정자를 추출해 냉동했을 때 그 정자에 수정 능력이 남아 있을 가능성이 다분히 존재한다. 냉동 보존한 정자는 남자가 죽은 후라도 배우자에게 인공수정을 하면 아이가 태어나고, 수십 년 후에 누군지 모를 여성에게 인공수정을 해도 아이는 태어난다. 미생물의 경우는 자기 세포의 DNA 정보를 후대에 전달하는 능력이 남아 있으면 그것은 '살아 있다'고 판단한다. 그런 의미에서 세포로서의 정자는 그 사람이 죽은 다음에도 분명히 '살아 있고' 거기서 아이가 태어나는 것이다. 이는 '인간'으로서는 살아 있어도 '사람'으로서는 죽은 상태라고 표현할 수 있는 기묘한 경우다. '인간으로서의 삶'과 '사람으로서의 삶'은 이처럼 밀접하게 관련되어 있고 교차하면서도 사실 조금은 별개다.

불손하다는 비난을 받을지도 모르겠으나, 대부분의 생물(바이러스 포함)은 이 가운데 '인간으로서의 삶', 즉 DNA 정보에 의한 '삶' 밖에 없는 것처럼 느껴진다. 거꾸로 말하면 '생명이라는 현상'에 관여하는, 어쩌면 모든 존재가 공통으로 갖는 기반이며 생명의 탄생에서 현재에 이르기까지 면면히 이어져 내려온 '삶'이기도 하다. 만약 생명이라는 큰 강이 있다면 그 강의 원줄기다. 이 책에서 언급한 그 줄기를 지탱하는 '장치'는 기본적으로 물질적·기계적인 것이며 결정화하는 바이러스는 그 상징이기도 하다.

한편 '사람으로서의 삶'은 생명의 역사 속에서 2차적으로 발생한, 어쩌면 일부의 생물만이 갖는 특수한 '삶'이다. 이는 확실히 후대로 전달되는 시스템을 갖는 DNA 정보와는 달리 어디서 와서 어디로 가는지, 전달 방법이 있는지조차 확실치 않다. 그것은 언젠가 사라질 운명을 지닌 것, 예컨대 생명이라는 큰 강의 물살 위에 떠 있는 조각배 위에서 꾸는 꿈인지도 모른다.

하지만 우리는 그 큰 강에 표류하는 '꿈' 속에서 '살고 있다.' 손을 맞잡을 때 느끼는 온기. 진심과 온 힘을 다한 그 순간. 비탄에 잠긴 어둠. 그리고 전하지 못했던 그 마음. 세상에 색을 입히는 이런 '살아 있다'는 감촉이 우리 인간 삶의 빛이며, 그것은 물질이나 기계인 상태에서 멀리 떨어진 곳에 있다. 그것은 꿈일까, 아니면 현실일까? '삶'은 그 경계에서 서성인다.

바이러스는 이 '꿈'을 꾸지 않는다. 그 모습은 분명 우리의 '삶'과는 이질적인 것으로 비칠지 모른다. 하지만 나는 잊지 않았으면 좋겠다. 때로는 싸우고 때로는 헤어지고 그리고 때로는 어울리면서, 바이러스도 사람도 저 아득히 먼 유구한 강을 함께 흘러가는 동료라는 사실을.

이번에도 책을 출판하면서 많은 분들의 도움을 받았다. 바쁜 가운데서도 평가의 노고를 아끼지 않은 동료들, 각 장의 대문을 멋지게 장식해준 오다 시노 씨. 그리고 많은 도움을 주신 여러 선배님들께 다시 한 번 감사의 인사를 전한다.

나카야시키 히토시

참고문헌

프롤로그

『インフルエンザ パンデミック―新型ウイルスの謎に迫る』堀本研子, 河岡義裕(著), 講談社 (1999)

Barry JM (2004) The Great Influenza. VikingBooks.

Crosby AW (2003) America's forgotten pandemic : the influenza of 1918. Cambridge University Press.

Davies P (1999) Catching Cold. Michael Joseph.

Ellis J, Cox M (2001) The World War I Databook: The essential facts and figures for all the combatants. Aurum Press.

Johnson NP, Mueller J (2002) Updating the accounts: global mortality of the 1918-1920 "Spanish" influenza pandemic. Bull. Hist. Med. 76: 105-115.

Kerr PJ, Best SM (1998) Myxoma virus in rabbits. Rev. Sci. Tech. 17: 256-268.

Kerr PJ, Ghedin E, DePasse JV, Fitch A, Cattadori IM, Hudson PJ, Tscharke DC, Read AF, Holmes EC (2012) Evolutionary history and attenuation of myxoma virus on two continents. PLoS Pathog. 8: e1002950.

Kobasa D, Jones SM, Shinya K et al. (2007) Aberrant innate immune response in lethal infection of macaques with the 1918 influenza virus. Nature 445: 319-323.

Leroy EM, Kumulungui B, Pourrut X et al. (2005) Fruit bats as reservoirs of Ebola virus. Nature 438: 575-576.

Reid AH, Fanning TG, Hultin JV, Taubenberger JK (1999) Origin and evolution of the 1918 "Spanish" influenza virus hemagglutinin gene. Proc. Natl. Acad. Sci. USA. 96: 1651-1656.

Ross J (1982) Myxomatosis: the natural evolution of the disease. In: Animal Disease in Relation to Animal Conservation (Edwards MA and McDonnell U eds.) pp. 77-95. Academic Press.

Swanepoel R, Leman PA, Burt FJ, Zachariades NA, Braack LE, Ksiazek TG, Rollin PE, Zaki SR, Peters CJ (1996) Experimental inoculation of plants and animals with Ebola virus. Emerg. Infect. Dis. 2: 321-325.

Tumpey TM, Basler CF, Aguilar PV et al. (2005) Characterization of the reconstructed 1918 Spanish influenza pandemic virus. Science 310: 77-80.

Taubenberger JK, Reid AH, Krafft AE, Bijwaard KE, Fanning TG (1997) Initial genetic characterization of the 1918 "Spanish" influenza virus. Science 275: 1793-1796.

Taubenberger JK, Morens DM (2006) 1918 Influenza: the Mother of All Pandemics. Emerg. Infect. Dis. 12: 15-22.

제1장

『タバコモザイクウイルス研究の100年』岡田吉美 (著), 東京大学出版会 (2004)

Bawden FC, Pirie NW, Bernal JD, Fankuchen I (1936) Liquid crystalline substances from virus-infected plants. Nature 138: 1051-1052.

Beijerinck MW (1898) Over een Contagium vivum fluidum alsoorzaak van de vlekziekte der tabaksbladen. Versl. Gew. Verg. Wissen. Natuurk. Afd. K. Akad. Wet. Amsterdam 7: 229-235.

Chung KT, Ferris DH (1996) Martinus Willem Beijerinck (1851–1931)– Pioneer of general microbiology. ASM News. 62: 539-543.

Gierer A, Schramm G (1956) Infectivity of ribonucleic acid from Tobacco Mosaic Virus. Nature 177: 702-703.

Iwanowski D (1892) Über die Mosaikkrankheit der Tabakspflanze. St Petersb. Acad. Imp. Sci. Bull. 35: 67-70.

Knight CA (1974) Molecular Virology. McGraw-Hill Inc.

Loeffler F, Frosch P (1898) Berichte der Kommission zur Erforschung der Maul-und Klauenseuche bei dem Institut für Infektionskrankheiten in Berlin. Zbl. Bakter. Abt. I. Orig. 23: 371-391.

Payen A, Persoz JF (1833) Memoir on diastase, the principal products of its reactions, and their applications to the industrial arts. Annales de Chimie et de Physique 53: 73-92.

Stanley WM (1935) Isolation of a crystalline protein possessing the properties of tobacco mosaic virus. Science 81: 644-645.

Sumner JB (1926) The isolation and crystallization of the enzyme urease. J.Biol. Chem. 69: 435–441.

제2장

Aiewsakun P, Katzourakis A (2015) Endogenous viruses: Connecting recent and ancient viral evolution. Virology 479-480: 26-37.

Bao W, Kapitonov VV, Jurka J (2010) Ginger DNA transposons in eukaryotes and their evolutionary relationships with long terminal repeat retrotransposons. Mob. DNA 1: 3.

Comfort NC (2001) From controlling elements to transposons: Barbara McClintock and the Nobel Prize. Trends Biochem. Sci. 26: 454-457.

Dolja VV, Koonin EV (2012) Capsid-less RNA viruses. In: Encyclopedia of Life Sciences. John Wiley & Sons, Ltd.

Horie M, Honda T, Suzuki Y et al. (2010) Endogenous non-retroviral RNA virus elements in mammalian genomes. Nature 463: 84-87.

Koonin EV, Dolja VV (2012) Expanding networks of RNA virus evolution. BMC Biol. 10: 54.

Malik HS, Henikoff S, Eickbush TH (2000) Poised for contagion: evolutionary origins of the infectious abilities of invertebrate retroviruses. Genome Res. 10: 1307-1318.

McCarthy EM, Mcdonald JF (2004) Long terminal repeat retrotransposons of Mus musculus. Genome Biol. 5: R14.

McClintock B (1950) The origin and behavior of mutable loci in maize. Proc. Natl. Acad. Sci. USA. 36: 344-355.

McClintock B (1948) Mutable loci in maize. Carnegie Institution of Washington Year Book 47: 155-169.

Nash J (1999) Freaks of nature: Images of Barbara McClintock. Stud. Hist. Phil. Biol. & Biomed. Sci. 30: 21-43.

Ribet D, Harper F, Dupressoir A, Dewannieux M, Pierron G, Heidmann T (2008) An infectious progenitor for the murine IAP retrotransposon:

emergence of an intracellular genetic parasite from an ancient retrovirus. Genome Res. 18: 597-609.

Yutin N, Raoult D, Koonin EV (2013) Virophages, polintons, and transpovirons: a complex evolutionary network of diverse selfish genetic elements with different reproduction strategies. Virol J. 10: 158.

제3장

Barton ES, White DW, Cathelyn JS, Brett-McClellan KA, Engle M, Diamond MS, Miller VL, Virgin HW (2007) Herpesvirus latency confers symbiotic protection from bacterial infection. Nature 447: 326-329.

Best S, Le Tissier P, Towers G, Stoye JP (1996) Positional cloning of the mouse retrovirus restriction gene Fv1. Nature 382: 826-829.

Bézier A, Annaheim M, Herbinière J et al. (2009) Polydnaviruses of braconid wasps derive from an ancestral nudivirus. Science 323: 926-930.

Bitra K, Suderman RJ, Strand MR (2012) Polydnavirus Ank proteins bind NF-κB homodimers and inhibit processing of Relish. PLoS Pathog. 8: e1002722.

Gueguen G, Kalamarz ME, Ramroop J, Uribe J, Govind S (2013) Polydnaviral ankyrin proteins aid parasitic wasp survival by coordinate and selective inhibition of hematopoietic and immune NF-kappa B signaling in insect hosts. PLoS Pathog. 9: e1003580.

Herniou EA, Huguet E, Thézé J, Bézier A, Periquet G, Drezen JM (2013) When parasitic wasps hijacked viruses: genomic and functional evolution of polydnaviruses. Philos. Trans. R. Soc. Lond. B. Biol.

Sci. 368: 20130051.

Ikeda H, Sugimura H (1989) Fv-4 resistance gene: a truncated endogenous murine leukemia virus with ecotropic interference properties. J. Virol. 63: 5405-5412.

Márquez LM, Redman RS, Rodriguez RJ, Roossinck MJ (2007) A virus in a fungus in a plant: three-way symbiosis required for thermal tolerance. Science 315: 513-515.

Nakamatsu Y, Tanaka T, Harvey JA (2006) The mechanism of the emergence of Cotesia kariyai (Hymenoptera: Braconidae) larvae from the host. Eur. J. Entomol. 103: 355-360.

Nakamatsu Y, Tanaka T, Harvey JA (2007) Cotesia kariyai larvae need an anchor to emerge from the host Pseudaletia separata. Arch. Insect Biochem. Physiol. 66: 1-8.

Strand MR, Burke GR (2013) Polydnavirus-wasp associations: evolution, genome organization, and function. Curr. Opin. Virol. 3: 587-594.

Takasuka K, Yasui T, Ishigami T, Nakata K, Matsumoto R, Ikeda K, Maeto K. (2015) Host manipulation by an ichneumonid spider ectoparasitoid that takes advantage of preprogrammed web-building behaviour for its cocoon protection. J. Exp. Biol. 218: 2326-2332.

Weldon SR, Strand MR, Oliver KM (2013) Phage loss and the breakdown of a defensive symbiosis in aphids. Proc. R. Soc. B. 280: 20122103.

제4장

『ウイルス進化論—ダーウィン進化論を超えて』中原英臣, 佐川峻 (著), 早川書房

(1996)

『エンベロ一プウイルスの宿主細胞への侵入過政』宮內浩典 (著), ウイルス59:205-214. (2009)

Bejerano G, Lowe CB, Ahituv N, King B, Siepel A, Salama SR, Rubin EM, Kent WJ, Haussler D (2006) A distal enhancer and an ultraconserved exon are derived from a novel retroposon. Nature 441: 87-90.

Doolittle WF (1999) Phylogenetic classification and the universal tree. Science 284: 2124-2129.

Dupressoir A, Vernochet C, Bawa O, Harper F, Pierron G, Opolon P, Heidmann T (2009) Syncytin-A knockout mice demonstrate the critical role in placentation of a fusogenic, endogenous retrovirus-derived, envelope gene. Proc. Natl. Acad. Sci. USA. 106: 12127-12132.

Field CB, Behrenfeld MJ, Randerson JT, Falkowski P (1998) Primary production of the biosphere: integrating terrestrial and oceanic components. Science 281: 237-240.

Fugmann SD, Messier C, Novack LA, Cameron RA, Rast JP (2006) An ancient evolutionary origin of the Rag1/2 gene locus. Proc. Natl. Acad. Sci. USA. 103: 3728-3733.

Hayashi T, Makino K, Ohnishi M et al. (2001) Complete genome sequence of enterohemorrhagic Escherichia coli O157:H7 and genomic comparison with a laboratory strain K-12. DNA Res. 8: 11-22.

Jones JM, Gellert M (2004) The taming of a transposon: V(D)J recombination and the immune system. Immunol. Rev. 200: 233-248.

Kapitonov VV, Jurka J (2005) RAG1 core and V(D)J recombination signal sequences were derived from Transib transposons. PLoS Biol. 3: e181.

Kapitonov VV, Koonin EV (2015) Evolution of the RAG1-RAG2 locus: both proteins came from the same transposon. Biol. Direct. 10: 20.

Karaolis DK, Somara S, Maneval DR Jr, Johnson JA, Kaper JB (1999) A bacteriophage encoding a pathogenicity island, a type-IV pilus and a phage receptor in cholera bacteria. Nature 399: 375-379.

Lang AS, Beatty JT (2000) Genetic analysis of a bacterial genetic exchange element: the gene transfer agent of Rhodobacter capsulatus. Proc. Natl. Acad. Sci. USA. 97: 859-864.

Lang AS, Zhaxybayeva O, Beatty JT (2012) Gene transfer agents: phage-like elements of genetic exchange. Nat. Rev. Microbiol. 10: 472-482.

Lindell D, Jaffe JD, Johnson ZI, Church GM, Chisholm SW (2005) Photosynthesis genes in marine viruses yield proteins during host infection. Nature 438: 86-89.

Mangeney M, Renard M, Schlecht-Louf G et al. (2007) Placental syncytins: Genetic disjunction between the fusogenic and immunosuppressive activity of retroviral envelope proteins. Proc. Natl. Acad. Sci. USA. 104: 20534-20539.

Marrs B (1974) Genetic recombination in Rhodopseudomonas capsulata. Proc. Natl. Acad. Sci. USA. 71: 971-973.

McDaniel LD, Young E, Delaney J, Ruhnau F, Ritchie KB, Paul JH (2010) High frequency of horizontal gene transfer in the oceans. Science 330: 50.

Mi S, Lee X, Li X et al. (2000) Syncytin is a captive retroviral envelope protein involved in human placental morphogenesis. Nature 403: 785-789.

Millard AD, Zwirglmaier K, Downey MJ, Mann NH, Scanlan DJ (2009) Comparative genomics of marine cyanomyoviruses reveals the widespread occurrence of Synechococcus host genes localized to a hyperplastic region: implications for mechanisms of cyanophage evolution. Environ. Microbiol. 11: 2370-2387.

Morono Y, Terada T, Nishizawa M, Ito M, Hillion F, Takahata N, Sano Y, Inagaki F (2011) Carbon and nitrogen assimilation in deep subseafloor microbial cells. Proc. Natl. Acad. Sci. USA. 108: 18295-18300.

Nakamura Y, Itoh T, Matsuda H, Gojobori T (2004) Biased biological functions of horizontally transferred genes in prokaryotic genomes. Nat. Genet. 36: 760-766.

Nakaya Y, Koshi K, Nakagawa S, Hashizume K, Miyazawa T (2013) Fematrin-1 is involved in fetomaternal cell-to-cell fusion in Bovinae placenta and has contributed to diversity of ruminant placentation. J. Virol. 87: 10563-10572.

Ono R, Nakamura K, Inoue K et al. (2006) Deletion of Peg10, an imprinted gene acquired from a retrotransposon, causes early embryonic lethality. Nat. Genet. 38: 101-106.

Perna NT, Plunkett G, Burland V et al. (2001) Genome sequence of enterohaemorrhagic Escherichia coli O157:H7. Nature 409: 529-533.

Popa O, Dagan T (2011) Trends and barriers to lateral gene transfer in prokaryotes. Curr. Opin. Microbiol. 14: 615-623.

Rohwer F, Thurber RV (2009) Viruses manipulate the marine environment. Nature 459: 207-212.

Sasaki T, Nishihara H, Hirakawa M et al. (2008) Possible involvement of SINEs in mammalian-specific brain formation. Proc. Natl. Acad. Sci. USA. 105: 4220-4225.

Sekita Y, Wagatsuma H, Nakamura K et al. (2008) Role of retrotransposon-derived imprinted gene, Rtl1, in the feto-maternal interface of mouse placenta. Nat. Genet. 40: 243-248.

Sharon I, Alperovitch A, Rohwer F et al. (2009) Photosystem I gene cassettes are present in marine virus genomes. Nature 461: 258-262.

Sullivan MB, Lindell D, Lee JA, Thompson LR, Bielawski JP, Chisholm SW (2006) Prevalence and evolution of core photosystem II genes in marine cyanobacterial viruses and their hosts. PLoS. Biol. 4: e234.

Sundaram V, Cheng Y, Ma Z, Li D, Xing X, Edge P, Snyder MP, Wang T (2014) Widespread contribution of transposable elements to the innovation of gene regulatory networks. Genome Res. 24: 1963-1976.

Suttle CA (2005) Viruses in the sea. Nature 437: 356-361.

Suttle CA (2007) Marine viruses — major players in the global ecosystem. Nat. Rev. Microbiol. 5: 801-812.

제5장

Bianconi E, Piovesan A, Facchin F et al. (2013) An estimation of the number of cells in the human body. Ann. Hum. Biol. 40: 463-471.

Dawkins R (1976) The Selfish Gene. Oxford University Press.

Ellington AD, Szotak JW (1990) In vitro selection of RNA molecules that bind specific ligands. Nature 346: 818-822.

Huber JA, Mark Welch DB, Morrison HG, Huse SM, Neal PR, Butterfield DA, Sogin ML (2007) Microbial population structures in the deep marine biosphere. Science 318: 97-100.

Lipp JS, Morono Y, Inagaki F, Hinrichs KU (2008) Significant contribution of Archaea to extant biomass in marine subsurface sediments. Nature 454: 991-994.

Mansy SS, Schrum JP, Krishnamurthy M, Tobé S, Treco DA, Szostak JW (2008) Template-directed synthesis of a genetic polymer in a model protocell. Nature 454: 122-125.

Oshima K, Maejima K, Namba S (2013) Genomic and evolutionary aspects of phytoplasmas. Front. Microbiol. 4: 230.

Oshima K, Kakizawa S, Nishigawa H et al. (2004) Reductive evolution suggested from the complete genome sequence of a plant-pathogenic phytoplasma. Nat. Genet. 36: 27-29.

Parkes RJ, Cragg BA, Bale SJ et al. (1994) Deep bacterial biosphere in Pacific Ocean sediments. Nature 371: 410-413.

Tamames J, Gil R, Latorre A, Peretó J, Silva FJ, Moya A (2007) The frontier between cell and organelle: genome analysis of Candidatus Carsonella ruddii. BMC Evol. Biol. 7: 181.

Thiel G, Greiner T, Dunigan DD, Moroni A, Van Etten JL (2015) Large dsDNA chloroviruses encode diverse membrane transport proteins. Virology 479-480: 38-45.

Wächtershäuser G. (1988) Before enzymes and templates: theory of surface metabolism. Microbiol. Rev. 52: 452-484.

에필로그

『巨大ウイルスと第4のドメイン 生命進化論のパラダイムシフト』武村政春 (著), 講談社 (2015)

『はい培養によるBarassica屬のcゲノム(かんらん類)とaゲノム(はくさい類)との種間雑種育成について』西貞夫, 川田穣一, 戸田幹彦 (著), 育種学雑誌 8: 215-222. (1959)

Claverie JM, Ogata H (2009) Ten good reasons not to exclude giruses from the evolutionary picture. Nat. Rev. Microbiol. 7: 615.

Gill SR, Pop M, Deboy RT et al. (2006) Metagenomic analysis of the human distal gut microbiome. Science 312: 1355-1359.

La Scola B, Audic S, Robert C, Jungang L, de Lamballerie X, Drancourt M, Birtles R, Claverie JM, Raoult D (2003) A giant virus in amoebae. Science 299: 2033.

Lovelock JE (1965) A physical basis for life detection experiments. Nature 207: 568-570.

Lovelock JE (1979) Gaia: A new look at life on Earth. Oxford University Press.

Ley RE, Hamady M, Lozupone C et al. (2008) Evolution of mammals and their gut microbes. Science 320: 1647-1651.

Moreira D, López-García P (2009) Ten reasons to exclude viruses from the tree of life. Nat. Rev. Microbiol. 7: 306-311.

Nakabachi A, Yamashita A, Toh H, Ishikawa H, Dunbar HE, Moran NA, Hattori M (2006) The 160-kilobase genome of the bacterial endosymbiont Carsonella. Science 314: 267.

Philippe N, Legendre M, Doutre G et al. (2013) Pandoraviruses: amoeba viruses with genomes up to 2.5 Mb reaching that of parasitic eukaryotes. Science 341: 281-286.

Popa O, Dagan T (2011) Trends and barriers to lateral gene transfer in prokaryotes. Curr. Opin. Microbiol. 14: 615-623.

Raoult D, Forterre P (2008) Redefining viruses: lessons from Mimivirus. Nat. Rev. Microbiol. 6: 315-319.

Yutin N, Koonin EV (2013) Pandoraviruses are highly derived phycodnaviruses. Biol. Direct. 8: 25.